Mixly 从入门到精通
——Arduino 教程

占正奎 何青 编著

中国水利水电出版社
www.waterpub.com.cn
·北京·

内 容 提 要

创客教育正在迅速升温，逐步走进了中小学课堂。现在，用编程控制 Arduino UNO 板就是中小学创客教育的主线。湖北省特级教师占正奎带领学校及区域内十多名创客教师组建创客教师联盟，近几年在不断地进行基于 Arduino 平台的课堂教学实践。通过实践，老师们一致认为在中小学应用 Arduino 开展创客教育，用 Mixly 来控制 Arduino 硬件最实用、最好操作，由此开发出了由浅入深的 Mixly 教程。

本教程由二十二个课时的 Mixly 课程资源组成，通过二十二个学习案例，讲解了如何用 Mixly 来对 Arduino 硬件进行编程，使学生学会通过 Arduino 传感器来感知环境，通过控制灯光、电动机和其他装置来反馈，影响环境，构建出创客作品。

本教程所使用的 Arduino 硬件全部是大众化的常用元器件，没有采用二次开发的套装，因此价廉物美，适合于创客教育的大面积推广应用。

本教程所用案例均来源于课堂教学实例，并按每节课 40 分钟的常规课堂教学时间进行编排，课程非常适合作为中小学生学习 Arduino 的入门和提高课程，也适合中小学创客教师作为教学参考资料。

图书在版编目（CIP）数据

Mixly从入门到精通：Arduino教程 / 占正奎，何青编著. -- 北京：中国水利水电出版社，2019.6(2022.7重印)
ISBN 978-7-5170-7722-0

Ⅰ. ①M… Ⅱ. ①占… ②何… Ⅲ. ①单片微型计算机－程序设计－教材 Ⅳ. ①TP368.1

中国版本图书馆CIP数据核字(2019)第103563号

书　名	**Mixly 从入门到精通——Arduino 教程** Mixly CONG RUMEN DAO JINGTONG——Arduino JIAOCHENG
作　者	占正奎　何青　编著
出版发行	中国水利水电出版社 （北京市海淀区玉渊潭南路1号D座　100038） 网址：www.waterpub.com.cn E-mail：sales@mwr.gov.cn 电话：（010）68545888（营销中心）
经　售	北京科水图书销售有限公司 电话：（010）68545874、63202643 全国各地新华书店和相关出版物销售网点
排　版	中国水利水电出版社微机排版中心
印　刷	天津嘉恒印务有限公司
规　格	170mm×240mm　16开本　9.75印张　170千字
版　次	2019年6月第1版　2022年7月第2次印刷
印　数	3001—6000 册
定　价	42.00 元

凡购买我社图书，如有缺页、倒页、脱页的，本社营销中心负责调换
版权所有·侵权必究

前 言

随着创新时代的到来,创客教育正在迅速升温。在各级教育部门的重视下,创客教育正逐步走进中小学,有的学校还准备将创客教育纳入常规课堂教学,希望通过创客教育来培养学生的创新能力,从而提升学生的综合素质。

当前,中小学创客教育缺乏完善的课程资源。各级教研部门现在还没有编制出成套的教材,我们能借鉴的课程资源主要来自三个方面:一是企业根据自己产品编制的教程;二是中小学教师依据教学经验所撰写的校本教材;三是网络上创客爱好者开发的学习资源。由于企业编制的教程是以产品制作为目的的,缺乏对学生创新思维的培养,大多数就是产品的说明书;目前中小学教师的校本教材虽然实践性较强,但教学理论、方法研究可能存在不足;现有网络创客开发的资源多以成人为学习对象,中小学教师不能直接拿来用于课堂教学。

为了培养创客师资,各级教研部门都在积极举办培训班。我曾多次参加国家级、省级培训,亲自聆听过谢作如老师、吴俊杰老师等创客教育专家的讲座,他们的追求、理念确实能激发听课教师的冲动:一定要做创客教育,一定要做出成绩。但回到学校后,大部分老师又会面对缺资金、缺教材的现实,因为能找到的教材,都"绑架"了公司二次开发的器材,价格比较高,大部分中小学用不起。老师们冲动的热情,一下子回到原点。

我所在的湖北省荆门市海慧中学地处祖国中部,非经济发达地区,学校是湖北省数字校园示范校项目建设学校,对学生开展创客教育一直在持续推进,师资和创客课程建设保证了学校创客教育的常态化开展。我作为学校综合实践活动(含信息技术)教研组负责人,经常和本组成员一起,针对创客教育在课堂上的实施,不断探索并取得了一些成绩,学生信息素养和创新意识明显提升。其中部分学生参加了国家、省、市相关活动,在活动中表现突出,不仅开阔了自己的视野,也提升了学校知名度。省、市创客教师实操培训会多次在我校举行，到我校交流考察的学校络绎不绝，创客教育俨然成了我校一张靓丽的名片。

通过几年的实践，我们认识到应用 Arduino 开源硬件＋Mixly 图形化编程软件来实施中小学创客教育是非常好的选择。

由于我校办学经费紧张，不可能去采购市面上价格较贵的创客教育套装，所有的教学器材都是从网上购买的价廉物美的原版 Arduino 硬件。花不多的钱，创客教育也开展得有声有色，风生水起。

对于软件，通过实践，我们认为北京师范大学教育学部创客教育实验室负责人傅骞老师及其团队开发的图形化编程软件 Mixly 特别适合中小学创客教育课堂教学。首先 Mixly 完美支持所有 Arduino 开发板；其次 Mixly 使用图形化模块代替了复杂的文本操作，学生在使用时直接拖动模块就可以轻松编程；更重要的是免费的 Mixly 在设计上做到了完全绿色使用，无需安装，只需下载解压就可以直接运行使用，非常方便。

本教程中的案例都来源于课堂教学实践，不仅限于讲解软硬件相关知识点，更多的是学生创客理念的培养，课程中的任务驱动、探究拓展可大幅提升学生的创新素养。

创客教师应用本教程教学可较快地提高自己的教学水平。性价比很高的原版 Arduino 硬件使创客教育大面积实施成为可能，在不断地实践、反思中，我们的教学水平一定会逐步提高。课程中的每个案例都是按一个课时设计，内容上从易到难，循序渐进，符合中小学生的年龄特征。教师可直接使用，也可根据学生的认知水平选择性使用。

中小学生通过学习本教程可体验到动手的快乐，逐步提升自己的创新能力。本教程是零起点，做到了软硬结合，注重学生的动手操作。提供的每一个案例都来源于日常生活，可激发学生动手的欲望。从模仿开始，动手实践，知识的学习在不知不觉中完成。有了知识和技能的积累，就能完成案例中的拓展内容，学生的创新能力自然逐步提升。

希望读到此书的创客教师，特别是学校不具备购买昂贵的成套创客教育器材的教师，在课堂上，能因陋就简地应用价廉物美的 Arduino

硬件和免费的 Mixly 软件，真正地实施创客教育。一份付出，一定会有一份收获！

希望读到此书的中小学生，能充分发挥自己的想象力，在课外用 Arduino 硬件做出好看、好玩、好用的作品，并与同伴、老师、家人分享。假以时日，创新就可能帮你解决日常生活中的一些问题，也许下一个创客大咖就是你！

参与本书编写工作的老师包括：占正奎、何青、叶劲松、姚国云、杨传龙、刘惊涛、代朝阳、黎伟、刘元艳、李荆钟、陶大伟。

占正奎
2019 年 1 月

目录

前言

第一课　初识 Arduino 和 Mixly ················· 1
第二课　闪烁 LED ································ 9
第三课　呼吸 LED ································ 16
第四课　按钮控制 LED ···························· 21
第五课　无级调节 LED 的亮度 ···················· 27
第六课　光控 LED ································ 32
第七课　LED 创意设计 ···························· 38
第八课　从 LED 到 LCD ··························· 45
第九课　转动风扇 ································ 52
第十课　调档风扇 ································ 56
第十一课　温控风扇 ······························ 61
第十二课　按钮控制舵机 ·························· 66
第十三课　风扇创意设计 ·························· 71
第十四课　小车动起来 ···························· 76
第十五课　小车自由行 ···························· 82
第十六课　遥控小车 ······························ 90
第十七课　避障小车 ······························ 96
第十八课　循迹小车 ······························ 102
第十九课　跨平台：蓝牙控制 LED ················· 108
第二十课　跨平台：OLED 显示汉字和变量 ·········· 122
第二十一课　创意作品《校车人数监控装置》（一） ··· 131
第二十二课　创意作品《校车人数监控装置》（二） ··· 135
附件　配套器材 ·································· 142
参考文献 ·· 146

第一课

初识 Arduino 和 Mixly

学习任务

（1）了解 Arduino，认识 Arduino UNO 板。
（2）掌握 Arduino UNO 板驱动程序的安装方法。
（3）体验 Mixly 中程序的编译和上传。

实验器材

Arduino UNO 板、USB 数据线、4 节 5 号电池及电池盒。

预备知识

一、了解 Arduino

Arduino 诞生于意大利依夫雷亚交互设计学院，学院马西莫·班兹教授和他的学生赫尔南多·巴拉甘一起开发了一个简单易用的电路板和开发工具。他们以常去的一家酒吧名字"Bar di re Arduino"来命名了这个产品。班兹教授并不擅长经营，他辛苦地做了五年，公司却面临倒闭。班兹教授不愿意 Arduino 就此结束，于是他决定把 Arduino 向公众开源，并将硬件售价做得更便宜。没想到，开源之后 Arduino 反而迅速传播开来，成为了最主流的开源硬件平台之一。

Arduino 是一个能够用来感应和控制现实物理世界的开源电子原型平台，它包括基于单片机并且开放源码的硬件平台 Arduino 板和软件 Arduino IDE。

如图 1-1 所示，我们可以把 Arduino 想象成一台电脑，运算控制器 Arduino 板就是这台电脑的主机，负责数据处理运算和协调各个设备；有接收操作的输入设备，如按钮、传感器等；有展示或执行命令的输出设备，如 LED、喇叭、电机等。这些元件组合在一起，就变成了一个微型的智能硬件系统。

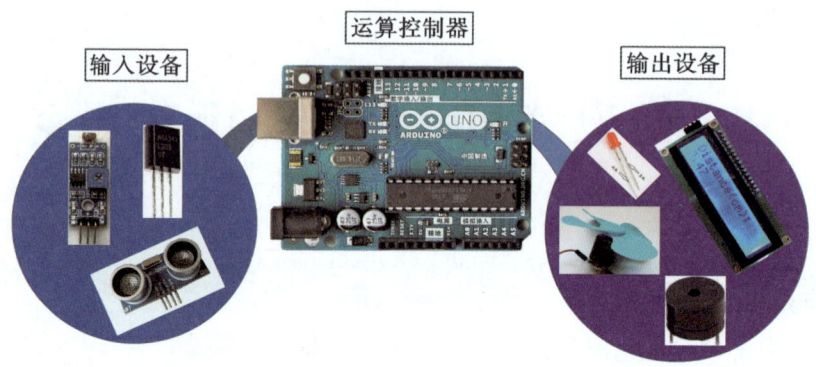

图1-1　Arduino硬件系统组成

二、认识Arduino UNO板

Arduino是一套便捷、灵活、容易上手的硬件开发平台，它包括多种型号的Arduino控制电路板。图1-2中的Arduino UNO板是Arduino开发的入门级产品，具有价格低廉、功能实用、操作简单的特性。Arduino UNO板上主要有一些常见的标准接口，如USB接口、电源接口以及一些数字电路输入/输出接口和模拟电路输入/输出接口等。这些接口能方便地将各种输入和输出元件组合在一起，搭建出自己的创新作品。

图1-2　Arduino UNO板

三、了解 Mixly

提到编程，你可能会说："我很想 DIY 智能硬件，但我真的不会写代码怎么办？"不会写代码也不是问题！初学者很容易就能学会使用 Arduino IDE 的编程环境，特别要感谢 Arduino 众多的热心开发者，为我们提供了非常容易上手的图形化编程工具，如 ArduBlock、S4A、Mixly、好好搭搭等。本教程就是以 Mixly 为工具，和同学们一起来体验 Arduino 神奇的魅力。

Mixly 是北京师范大学教育学部创客教育实验室负责人傅骞老师及其团队开发的，是一款面向 Arduino 创意电子的图形化编程工具，完全免费，可方便地从网上下载 Mixly 应用程序压缩包，解压到 Mixly 文件夹下，各子文件夹内容如图 1-3 所示。

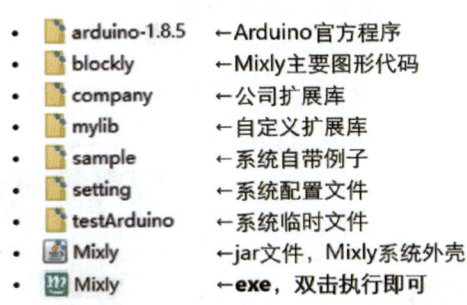

图 1-3　Mixly 文件夹

Mixly 是绿色软件，不需安装，直接双击 Mixly.exe 就可运行了。如图 1-4 所示，它采用积木式的图形编程界面，极大地降低了编程的门槛，同时可以支持市场上几乎所有的 Arduino 元器件。

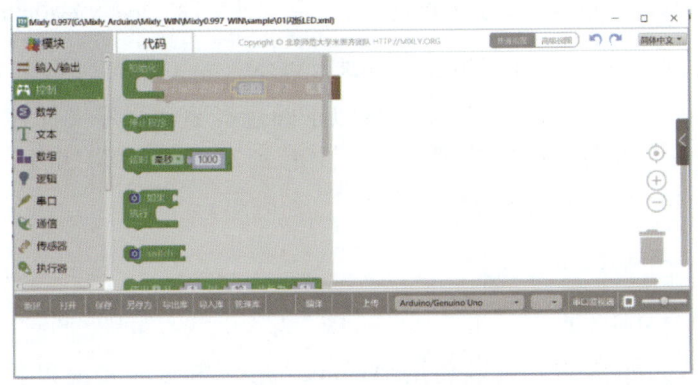

图 1-4　Mixly 图形编程界面

引导实践

一、安装 Arduino UNO 板驱动程序

1. 连接 Arduino UNO 板与电脑

用 USB 数据线将电脑与 Arduino UNO 板连接起来,板上指示灯亮表示连接成功。

2. 安装 Arduino UNO 板驱动程序

Arduino UNO 板与电脑连接好后,Win10 系统一般会自动安装好驱动,如果不能自动安装好,就要同 Win7 系统一样进行手动安装驱动,如图 1-5 所示。

手动安装 Arduino UNO 驱动时,右键单击"我的电脑"图标,在弹出菜单中选择"管理",在打开的计算机管理窗口左侧列表中选择"设备管理器"。如图 1-6 所示,在"设备管理器"窗口左侧会看到带问号的设备,在上面单击鼠标右键,选择更新驱动程序软件。

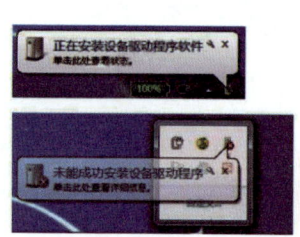

图 1-5 在 Win10 中安装驱动不成功

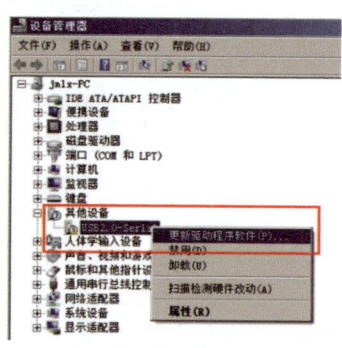

图 1-6 安装驱动的方法

Arduino 驱动程序就在 Mixly0.998_WIN\arduino-1.8.5\drivers 文件夹下,如图 1-7 所示,通过浏览按钮正确选择驱动程序文件存放的位置。

安装好后,就会在设备管理器列表中看到端口(COM 和 LPT)中的设备中出现了 Arduino UNO 端口,如图 1-8 所示。

二、开启 Mixly 之旅

1. 熟悉 Mixly 界面

进行 Arduino 编程,可以利用 Arduino 配套的文本式编程软件 Arduino IDE,图 1-9 为 Arduino IDE 主界面。

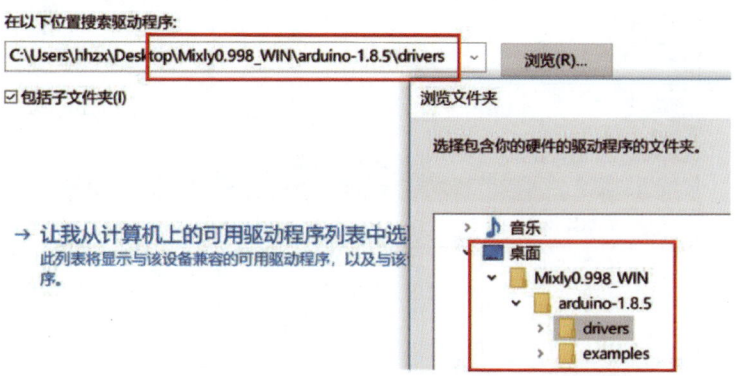

图1-7 选择驱动程序文件存放的位置

图1-8 驱动程序已经安装好

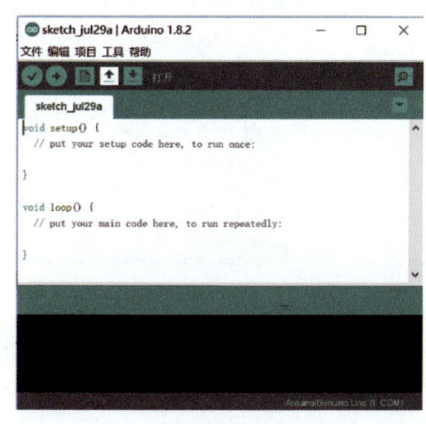

图1-9 Arduino IDE 主界面

对中小学生来说，用 Arduino IDE 进行程序编写可能有一定难度。若用积木式、图形化的 Mixly 来编写，就容易得多，图1-10 为 Mixly 主界面。

Mixly 分为5个区域，分别是程序模块区、程序构建区、源代码显示区（平时缩在右边界，单击箭头会显示出来）、菜单栏和信息显示区。

2. 运行第一个程序

在 Mixly 中单击菜单栏中的"打开"命令，程序会自动引导到 Mixly 的示例程序，选择第一个"01闪烁LED"，如图1-11所示。

确定后马上就会在程序构建区显示图形化程序内容，如图1-12所示。

6　Mixly 从入门到精通——Arduino 教程

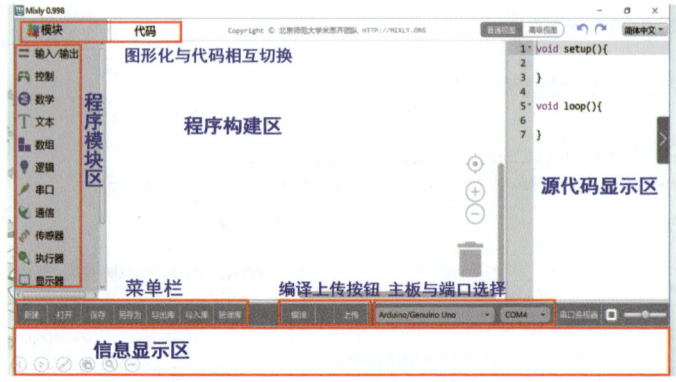

图 1-10　Mixly 主界面

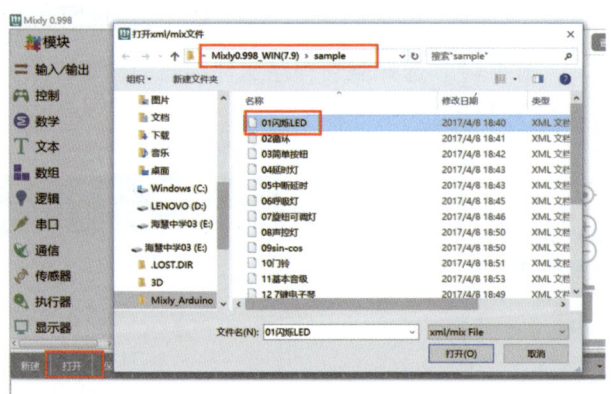

图 1-11　Mixly 的示例程序

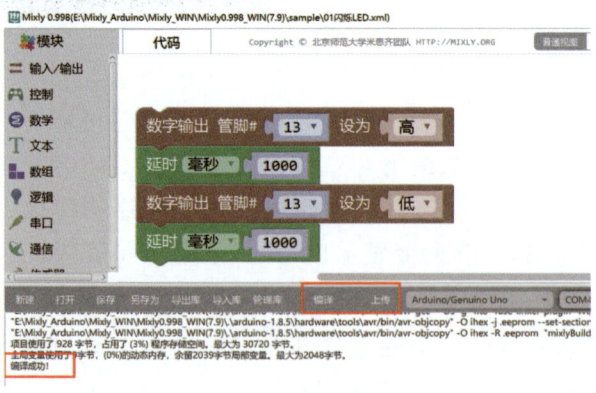

图 1-12　图形化程序

接着单击"编译",就会在下方的信息显示区显示编译的过程,过一会儿后,显示"编译成功"就表示程序设计没有语法性错误,若程序有问题会显示"编译失败"。最后单击"上传",将程序上传到 Arduino UNO 板。当信息显示区提示上传成功后,就可看到 Arduino UNO 板上的、连接在 13 号管脚的 LED 指示灯(图 1-13)在不停地闪烁。

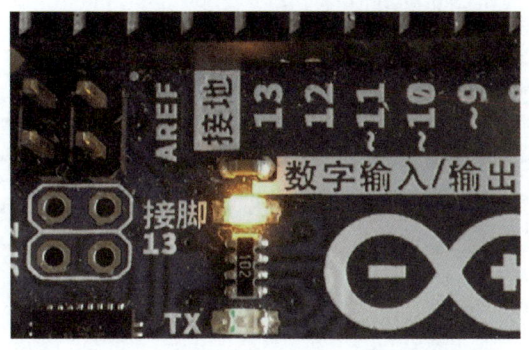

图 1-13　连接在 13 号管脚的 LED 指示灯

探究学习

1. 脱机运行 Arduino

将程序上传到 Arduino UNO 板上后,会保存在板上的内存中。若要脱离计算机运行,可以外接电源,如图 1-14 所示,软硬件也会正常工作。

2. 用 Mixly 学习文本代码编程

Mixly 在正常情况下,如图 1-15 所示,只能使用图形化编程区域来编写程序,源代码显示区域只是把图形化的程序转化成代码显示,不能修改。

可以单击图形化编程区域上端的"代码"进入到代码编写模式,如图 1-16 所示。

在代码编写模式下,可以修改和编写代码,但图形化编程区域不会显示。也就是图形化程序可转化成代码,而代码不能转化成图形化程序。所以除非全部使用代码来编写,不然还是建议不要直接修改代码。

图 1-14　外接电源的 Arduino UNO 板

Mixly 这种图形和代码可同步编译显示的特点,为学习代码编程提供了方便。在图形化编程的过程中,只要经常有意地查看相应代码的写法,无形中,代码编写水平会不断地提高。当用 Arduino IDE 文本代码编程时,若遇到难点,不会写代码,可以在 Mixly 中

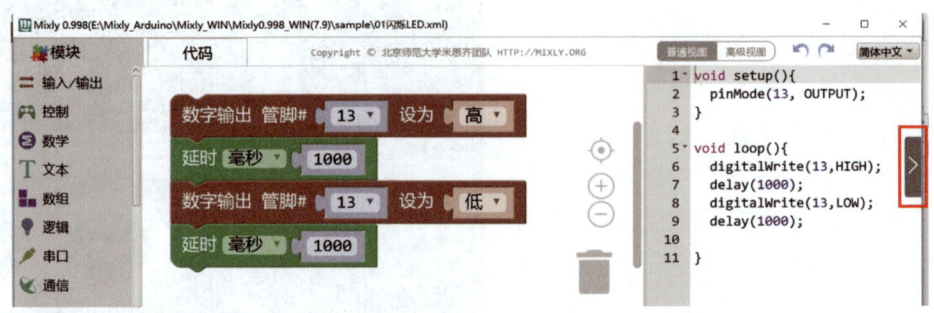

图 1-15　图形化编程区域和源代码显示区域

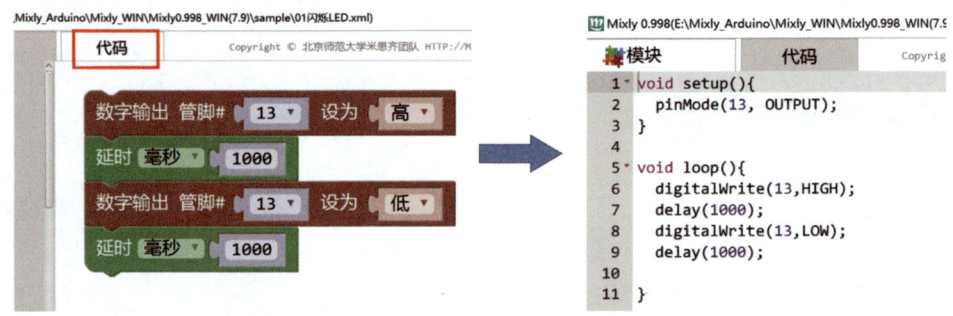

图 1-16　图形化编程和代码编程的转化

先用图形化编程,再查看代码,拷贝到 Arduino IDE 中去。

◀◀◀◀ 拓展任务

提取 Mixly 中的示例"01 闪烁 LED"的代码,打开 Arduino IDE,对这段代码进行编译并上传到 Arduino UNO 板上,看是否能实现同样的运行效果。

第二课

闪烁 LED

学习任务

（1）熟悉 Mixly 编程环境。
（2）学会用面包板、杜邦线搭建简单的数字电路。
（3）会制作出闪烁 LED。

实验器材

Arduino UNO 板、USB 数据线、LED 发光二极管、面包板、200Ω 定值电阻、杜邦线。

预备知识

一、Arduino UNO 板接口介绍

如图 2-1 所示，Arduino UNO 板的管脚包含 14 个数字管脚、6 个模拟

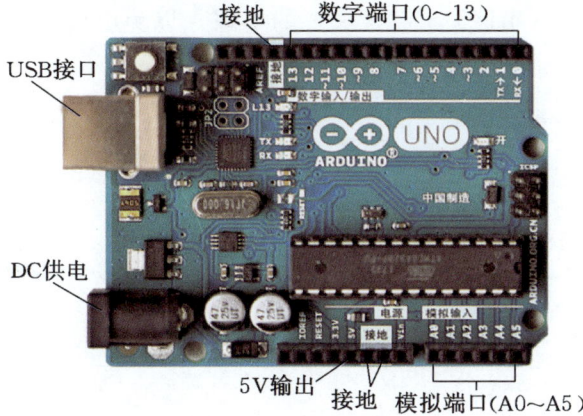

图 2-1　Arduino UNO 板

输入、电源插孔、USB 连接等。管脚的复用功能提供了更多的不同选项，如驱动电机、LED、读取传感器等。

管脚 0～13 用作数字输入/输出端口，其中，管脚 13 连接到板载的 LED 指示灯，3 号、5 号、6 号、9 号、10 号、11 号管脚具有 PWM 功能。

自然界中很多量都是模拟量，各种传感器感知来的信号，也大都以模拟电压的形式输出。如温度传感器 LM35D，其输出模拟电压与环境温度成正比，模拟量必须通过模数转换器变成数字量后，才能被数字系统所处理。Arduino UNO 板有模数转换功能，通过 6 个模拟管脚（A0～A5）来输入模拟信息。

二、认识 LED

我们的生活中处处都有 LED，如手机、各种电器都用其作指示灯，照明也常用到 LED。LED 是发光二极管（图 2-2）的简称，LED 可以将电能转化为光能。LED 具有单向导通的特性，即只允许电流从正极流向负极，所以使用时注意正负极不要接反。另外，为了不烧坏 LED，一般应给它串联电阻，起到限流、限压的作用。

三、认识电阻

电阻是一个物理量，在物理中表示导体对电流阻碍作用的大小，单位是欧姆（Ω）。导体的电阻越大，表示导体对电流的阻碍作用越大，如 200Ω 的电阻对电流的阻碍作用小于 800Ω。Arduino 中使用的电阻是一种元件，如图 2-3 所示，通常用来控制电路中的电流，保护其他元件。如针对 LED，一般在它的负极上串接（串联）一个 200Ω 的电阻，以免电流过大将其烧毁。

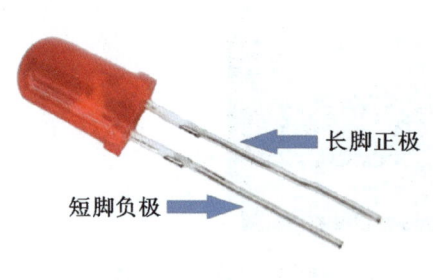

图 2-2　发光二极管

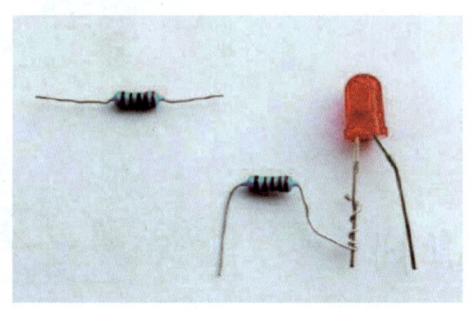

图 2-3　串联电阻的 LED

四、认识面包板

面包板上有很多小插孔,如图 2-4 所示,用于电子电路实验的无焊接连接。各种电子元器件可根据需要随意插入或拔出,免去了焊接,节省了电路的组装时间,元件可以重复使用,非常适合电子电路的组装、调试和训练。

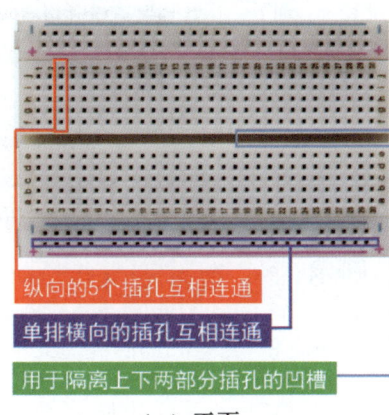

(a) 正面

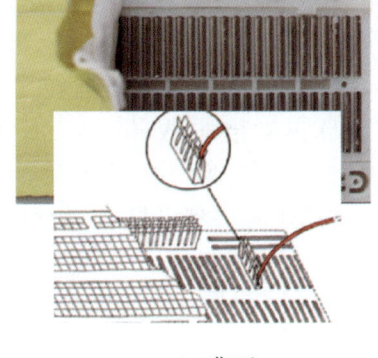

(b) 背面

图 2-4 面包板

面包板板底有金属条,在板上对应位置打孔使得无焊面包板元件插入孔中时能够与金属条接触,从而达到导电目的。一般将每 5 个孔板用一条金属条连接。板子两侧有两排竖着的插孔,也是 5 个一组,这两组插孔是用于给板子上的元件提供电源。板子中央一般有一条凹槽,这是针对需要集成电路、芯片试验而设计的。

五、认识杜邦线

杜邦线可用于实验板的管脚扩展,可以非常牢靠地和插针(孔)连接,无需焊接,可以快速进行电路试验。杜邦线分为公对公、母对母、公对母三种,如图 2-5 所示。

图 2-5 杜邦线

◀◀◀◀ 引导实践

点亮一个 LED。

一、搭建硬件

先将LED正负极张开一定的角度，注意长的是正极，放在右边插入面包板相应孔中。LED负极插在与正极空两列后的孔中，200Ω电阻一端插到LED负极这一列中，另一端插在空三列后的孔中。再用公对公杜邦线连接UNO板上的GND管脚与电阻左端所在的这一列下方三个孔中的任一个，即LED的负极连接了GND管脚。最后将LED正极接在Arduino UNO板的12号数字管脚上（0、1两个口是专用的通信口，尽量不要用，其他的口都可接），如图2-6所示。

图2-6　LED与Arduino UNO板的连接

二、编写程序

运行Mixly，在模块中选择"输入/输出"模块，会弹出图形化语句，如图2-7所示。

单击（或向右拖动） ，就会在代码区出现选择的语句，将管脚号改为12，如图2-8所示，程序就写完了。

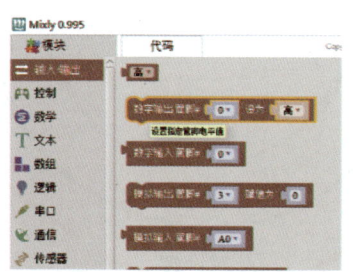

图2-7　"输入/输出"模块中的语句　　　图2-8　点亮LED的程序

程序块右方的选项"高"表示"高电平"，即电路连通，有电流通过，LED就会亮。也能选"低"，不过这时LED就不会亮了。

三、编译、上传

程序编好后，还要检查语法对不对，这就要使用软件提供的"编译"功能。单击"编译"，就会在下方的信息显示区显示编译的过程。如果程序设计没有语法性错误，就会显示"编译成功"；若程序有问题会显示"编译失败"，就要修改语句，直到成功为止。程序编写正确后，就可上传了。上传前要检查 Arduino UNO 板是否与电脑正确连接，板型一定要是"Arduino/Genuino UNO"，端口与板子一致，如"COM4"。确认无误后，单击"上传"，就可将程序上传到 Arduino UNO 板，信息区会显示"上传成功"，如图 2-9 所示。

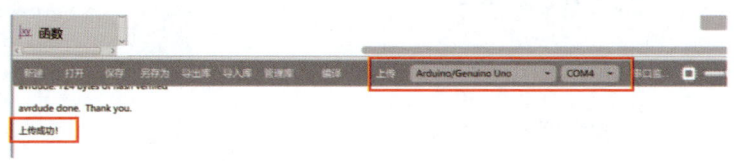

图 2-9 "编译"或"上传"提示

这时，我们可看到 LED 亮了。

四、保存程序

程序运行正常后，可单击"保存"按钮，将程序保存在电脑中，如图 2-10 所示，文件后缀为 mix。

图 2-10 保存程序

◀◀◀◀ 探究学习

让一个 LED 闪烁起来。要达到的效果是：LED 亮 1s 后熄灭，1s 后再亮，亮 1s 再熄灭，重复进行。

硬件连接与上面的一样，并且程序也是在原来的基础上修改。如图 2-11 所示，在模块中选择"控制"模块。

在弹出的图形化语句中，选择 [延时 毫秒 1000]，并把此语句块拖到原有语句块下方，会自动吸附上去，如图 2-12 所示，组合成了顺序结构的程序。这一句的作用是保持 LED 灯亮 1s。

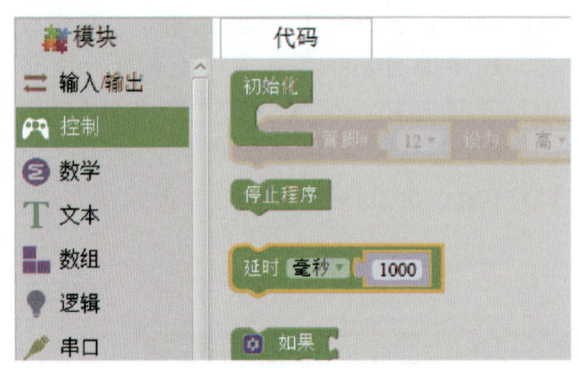

图 2-11 选择"控制"模块

图 2-12 程序语句的组合

下面,我们学习使用复制方式快捷地编写程序的方法。首先在  上右键单击打开右键菜单,如图 2-13 所示。

选择"复制"可将本句复制一条,将复制的语句拖到程序第三排,将"高"改为"低"。同样,将 延时 毫秒 1000 复制后放到最后。这样,整个程序就编写完成,如图 2-14 所示。

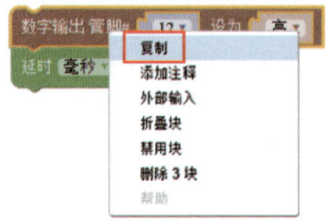

图 2-13 右键菜单

图 2-14 闪烁 LED 的程序

将程序进行编译、上传,成功后就能看到闪烁 LED 的效果了。

拓展任务

用 LED 模拟交通信号灯。

路口交通信号灯由红色、绿色、黄色 LED 灯各一个组成。要达到的效果是:红灯亮 10s 后熄灭,接着黄灯闪烁 3s 后熄灭,绿灯亮 10s 后熄灭,按这个顺序循环进行,两个灯不同时亮。

首先要进行硬件搭建。选取红色、绿色、黄色 LED 各一个,通过面包板做平台,接线时要使每个 LED 的负极接 Arduino UNO 板的 GND 管脚。红色 LED 正极接 10 号数字管脚,黄色 LED 正极接 11 号数字管脚,绿色

LED 正极接 12 号数字管脚。连接好后的电路如图 2-15 所示。

接着写程序。模拟交通信号灯的参考程序如图 2-16 所示。

图 2-15 交通信号灯电路连接

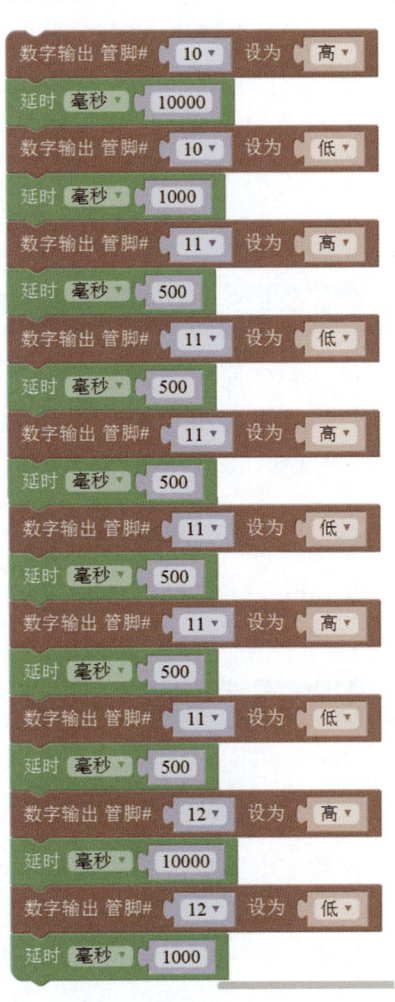

图 2-16 模拟交通信号灯程序

最后，对程序进行编译、上传。当提示上传成功后，就可看到 LED 依次闪烁，呈现出模拟交通信号灯的效果。

第三课

呼 吸 LED

学习任务

（1）学会使用循环语句。
（2）理解应用 PWM 模拟输出。
（3）制作出呼吸 LED。

实验器材

Arduino UNO 板、USB 数据线、LED 发光二极管、200Ω 定值电阻、面包板、杜邦线。

预备知识

一、认识数字电路的语言——0 和 1

在数字电路里，语言很简单，只有两个数字——0 和 1，也就是二进制，计算机只认得二进制数。我们生活中都是应用十进制，也就是满 10 进 1，二进制是满 2 进 1。我们可以用二进制格式把十进制的数都换算出来，如十进制 0~9，就可用二进制表示，见表 3-1。

表 3-1　　　　　　　　二进制和十进制的换算

十进制	0	1	2	3	4	5	6	7	8	9
二进制	0	1	10	11	100	101	110	111	1000	1001

数字电路中也常用到 0 和 1，"1"表示电路通，"0"表示电路断。在 Arduino 中，板载最高电压为 5V，就用"高"电平来表示，二进制表示就是"1"。若设定电压为 0V，就是"低"电平，二进制就是"0"。在上节课中，

对于"数字输出",我们设定为"高"电平时,二进制就是"1",LED就亮;设定为"低"电平时,二进制就是"0",LED就熄灭了。

二、了解 PWM 与模拟输出

在数字电路中,电压信号不是 0(0V)就是 1(5V),那么如何输出介于 0V 和 5V 之间的某个电压值呢?这就要用到 PWM 技术。

PWM 也就是脉冲宽度调制,用于将一段信号编码为脉冲信号(方波信号)。这是在数字电路中达到模拟输出效果的一种手段。即:使用数字控制产生占空比不同的方波(一个不停在开与关之间切换的信号)来控制模拟输出。我们要在数字电路中输出模拟信号,就可以使用 PWM 技术实现。简而言之就是电脑只会输出 0 和 1,那么想输出 0.5 怎么办呢?于是输出 0,1,0,1,0,1,……平均之后的效果就是 0.5 了。

在 Arduino 中,我们常用 PWM 来控制 LED 的亮暗程度、电机的转速等。PWM 取 0~255 的整数值,对应电压从 0~5V。Arduino UNO 板用 3 号、5 号、6 号、9 号、10 号、11 号这六个管脚进行模拟输出,下方标有"~",如图 3-1 所示。

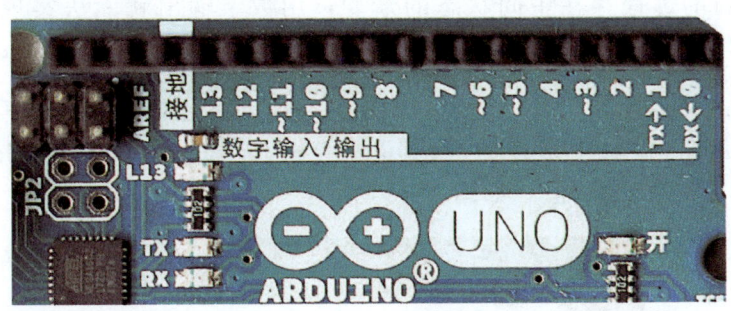

图 3-1 具有 PWM 模拟输出功能的管脚

❮❮❮❮ 引导实践

制作呼吸 LED。

一、搭建硬件

在面包板上给 LED 负极上串联一个 200Ω 电阻,将正极接到 Aduino UNO 板的 6 号管脚上,电阻的另一端接到 GND 管脚。搭建好的电路如图 3-2 所示。

图 3-2　LED 电路连接

二、编写程序

呼吸 LED 要达到的效果是：LED 慢慢由暗变亮，后又慢慢变暗，不断循环。

Mixly 中循环语句可使脚本重复运行，呼吸灯中就要用到循环语句。LED 在运行的过程存在中间状态的渐变，用数字输出就无法实现了，只有 PWM 技术才能实现此效果。

从"控制"模块中选择循环语句，将其拖到程序构建区，更改相关数值，如图 3-3 所示。

图 3-3　循环语句框架

Aduino 支持的模拟输出状态有 256 种，也就是 0~255 个数值。语句中 i 为循环变量，步长为每次 i 增加的幅度，"使用 i 从 0 到 255 步长为 1"可以理解为 i 将以每次加 1 的增幅由 0 变化到 255。

从"输入/输出"模块中选择模拟输出语句，放到程序构建区，将模拟输出管脚改为 6，赋值改为 i。这样才能使接在 6 号管脚 LED 的值进行 0 到 255 的渐变。

从"控制"模块中选择 ,放到程序构建区,延时改为 50。将上面两个语句按顺序拖放到循环语句中,如图 3-4 所示。

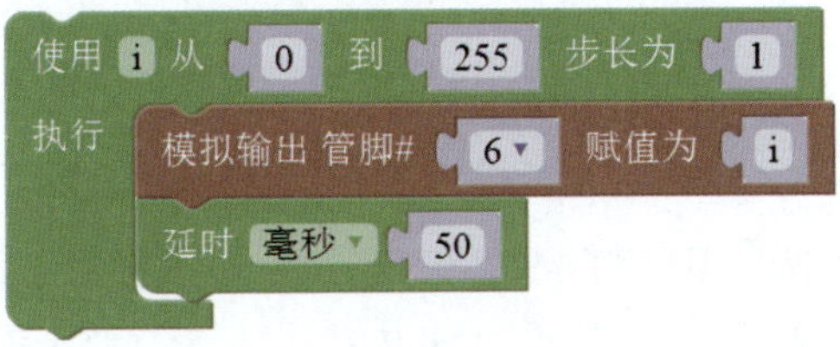

图 3-4 循环语句的编写

上面的程序只是控制 LED 由暗变亮。由亮变暗的程序编写很简单,只需进行复制,更改几个数据就行了。在循环语句上单击右键打开快捷菜单,选择"复制"命令,将整个循环语句复制,如图 3-5 所示。

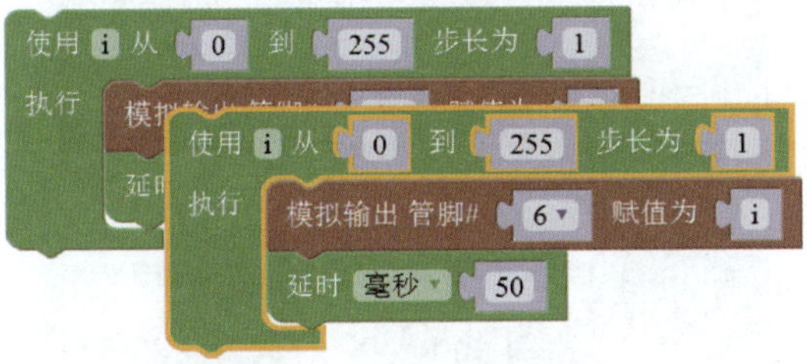

图 3-5 语句的复制

将复制的程序块拖放到原程序下方,将两个程序块组合成顺序结构。将"使用 i 从 0 到 255 步长为 1"改为"使用 i 从 255 到 0 步长为 -1",可以使数值由大变小,这样才能使 LED 的值进行 255 到 0 的渐变。完整的程序如图 3-6 所示。

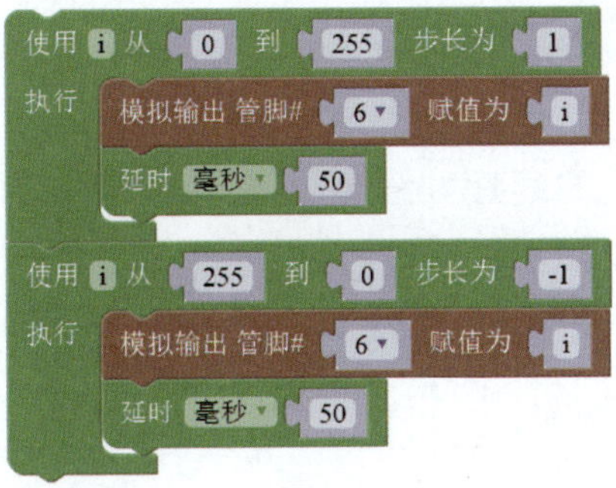

图 3-6 呼吸 LED 程序

三、编译上传

将写好的程序进行编译、上传。当提示上传成功后，就可看到呼吸 LED 的效果。

◀◀◀◀ 探究学习

我们可以看到呼吸 LED 灯亮度变化很慢，下面我们来把它调得变化快一点。Mixly 中程序是重复运行的，即从第一行运行到最后一行后再从第一行开始运行，反复循环。程序中的变量 i 的最大值为 255，若步长为 1，则要运行 255 次才能达到 255，即 LED 最亮。反之，也一样。所以，要调整变化的时间，可以通过修改步长来实现。如图 3-7 所示，将步长改为 10，则变量 i 变为最大值只要 26 次，需要的时间是原来的 1/10。

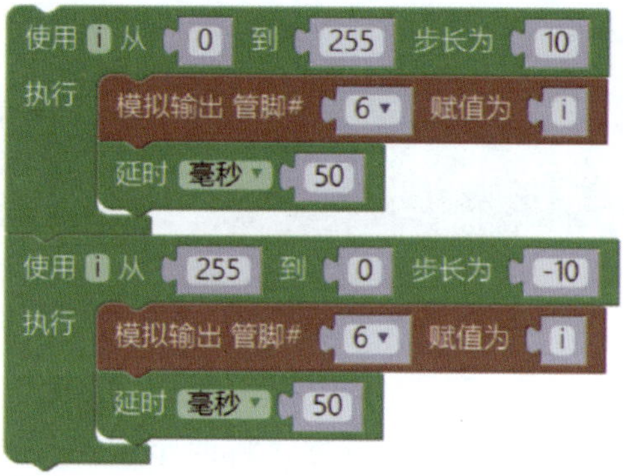

图 3-7 修改步长的大小

经过编译上传后，我们可观察到亮度快速变化的呼吸 LED。

◀◀◀◀ 拓展任务

1. 生活中哪些电子器件用到了呼吸 LED？
2. 分析例子中提供的程序，看看还有什么地方通过修改后可控制 LED 呼吸时的快慢。

第四课

按 钮 控 制 LED

学习任务

（1）学会使用条件语句。
（2）认识按钮，会将其正确连入电路。
（3）会用按钮控制 LED。

实验器材

Arduino UNO 板、USB 数据线、LED 发光二极管、200Ω 定值电阻、按钮、倾斜开关、面包板、杜邦线。

预备知识

一、认识 Arduino 按钮开关

按钮开关是生活中常用的电子元件，可以方便地控制各种电器的运行。Arduino 中使用的按钮开关如图 4-1 所示，从图中电路板上可看到按钮共有三个接线端，分别是 VCC、OUT、GND 针脚。VCC 针脚要接 Arduino UNO 板的 5V 管脚，GND 针脚要接 UNO 板上的 GND 管脚，来给按钮供电。中间的 OUT 针脚是用来输出数字信号的，按下时输出高电平，即为真；不按时输出低电平，即为假。OUT 针脚应根据编写的程序与相应的管脚相接。

图 4-1 按钮开关

二、认识倾斜开关

倾斜开关也叫滚珠开关，是通过珠子滚动接触导针的原理来控制电路的接通或者断开的。从图 4-2 中可知倾斜开关模块也有三个接线端，分别是

VCC、GND、DO 针脚。VCC 针脚接 Arduino UNO 板上的 5V 管脚，GND 针脚接 UNO 板上的 GND 管脚，来给按钮供电。DO 针脚是用来输出数字信号的，可接 UNO 板上的数字输入管脚。

图 4-2　倾斜开关

倾斜开关的原理如图 4-3 所示，当开关一端低于水平位置倾斜时，开关是断开的；当另一端低于水平位置倾斜，开关连通。

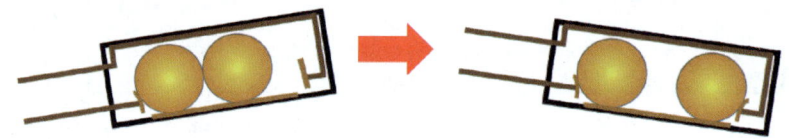

图 4-3　倾斜开关原理

三、搭建多分支程序结构

上节课我们学习了循环语句，这节课要学习条件语句，就是程序要对硬件反应先进行判断，然后决定执行的语句。条件满足时执行一条语句，不满足时则执行另一条语句，这就要搭建分支结构。

先从"控制"模块中选定 指令，拖曳到程序构建区，如图 4-4 所示。

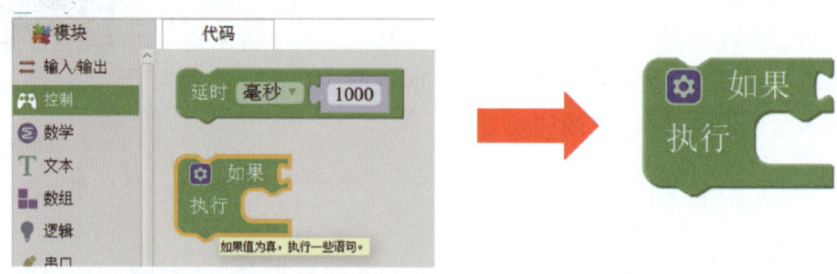

图 4-4　从"控制"模块中拖出条件语句

然后，单击蓝色齿轮图标，展开指令选择框，将 否则 指令拖曳到右边指令"如果"的下方缺口中，如图 4-5 所示。

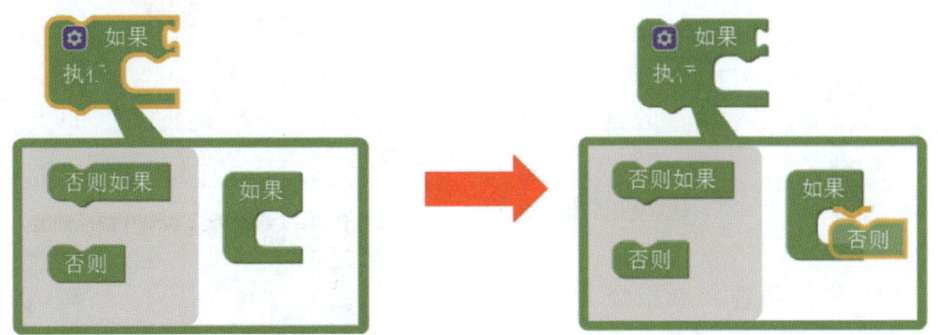

图 4-5 双分支条件语句构建步骤

这时，程序结构就由单分支判断变成了双分支判断，组成双分支条件语句，如图 4-6 所示。

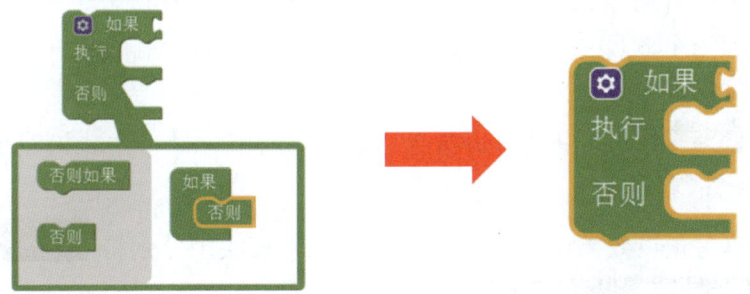

图 4-6 双分支条件语句

最后，再单击蓝色齿轮图标，把指令选择框折叠起来。

引导实践

制作按钮控制 LED。

一、搭建硬件

把按钮插在面包板上，VCC、GND 针脚分别用杜邦线接 Arduino UNO 板上的 5V 和 GND 管脚，按钮的信号线 OUT 针脚接 2 号数字管脚（此端口可任意选，但要与所写代码对应）。LED 正极接 10 号数字管脚，负极与 200Ω 电阻串联后接管脚 GND，电路连接如图 4-7 所示。

二、编写程序

（1）选取条件判断指令。本例要达到的效果是：按下按钮时，LED亮；不按按钮时，LED灭，这就要用到条件判断指令。从"控制"模块中选定 [如果 执行] 指令，拖曳到程序构建区。

（2）设置条件判断指令。因为按钮有两种状态，一是按下时有信号，输出高电平，即为"真"；二是不按时无信号，输出低电平，即为"假"。根据条件判断后有两种不同的结果，所以执行也应有两条路。这就要在程序块后增加一个判断为"假"后的路径。单击蓝色齿轮图标，展开指令选

图4-7 按钮控制LED的电路连接

择框，将 [否则] 指令拖曳到右边指令"如果"的下方缺口中，构建出如图4-8所示的条件判断结构。

（3）编写预设效果语句。从"输入/输出"模块中分别将 [数字输入 管脚# 0▼]

和 [数字输出 管脚# 0▼ 设为 高] 指令拖曳到程序构建区。修改相关参数，拖放拼接如图4-9所示。程序的意思是当按钮按下时，2号管脚高电平输入为"真"，接在10号管脚的LED亮，否则（不按按钮时），LED灭。

图4-8 条件判断结构

图4-9 按钮控制LED的程序

三、编译上传

将写好的程序进行编译、上传。当提示上传成功后,就可通过操作,看到"按钮按下 LED 亮,释放 LED 灭"的效果。

≪≪≪ 探究学习

制作延时 LED。

在我们的生活中,经常见到延时灯,很实用。比如教室走廊和楼道里的灯,当按下开关后,灯亮,过一会儿,灯就自动熄灭了。我们可以在上面的硬件不动的基础上适当改动程序就能做到。如图 4−10 所示,加一条延时 5s 的指令就能达到目的,编译上传试试看。

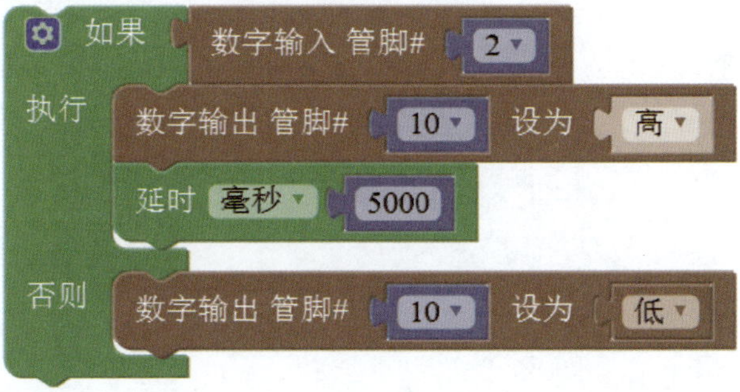

图 4−10　延时 LED 灯的程序 1

除了上面的程序,再按图 4−11 修改程序,上传试试看,能否达到要求。

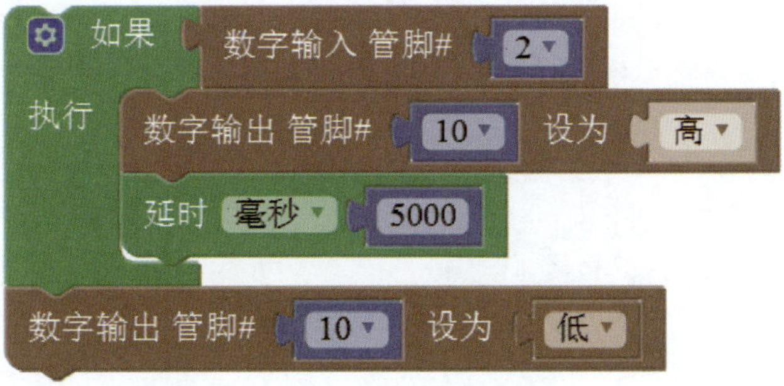

图 4−11　延时 LED 灯的程序 2

这个程序也实现了延时 LED 的效果。所以,不同的思路和程序能达到同一目的,这就是智慧的魅力!

拓展任务

生活中各种各样的开关很多。其中,倾斜开关就是一种有特殊用途的开关,它可应用于安全保护,检测物体是否发生倾斜。请你将倾斜开关模块平放、贴在面包板上,结合本节课学习的知识,搭建硬件、编写程序,从而利用倾斜面包板来控制 LED 的亮和暗。

第五课 无级调节 LED 的亮度

📝 学习任务

（1）知道传感器原理，了解模拟信号的概念、Arduino 获取模拟输入的方法。

（2）认识电位器，能正确将其连入电路。

（3）会用电位器调节 LED 的亮度。

🔬 实验器材

Arduino UNO 板、USB 数据线、LED 发光二极管、200Ω 定值电阻、小电动机、电位器、面包板、杜邦线。

📁 预备知识

一、了解传感器与模拟输入

Arduino 的优势在于对数字信号的识别和处理，但我们所生活的世界并不是都能用数字化的 0 和 1 来表示所有的现象。例如温度，它只能在一定范围之内连续变化，而不可能发生像从 0 到 1 这样的瞬时跳变，类似这样的物理量被人们称为是模拟的。Arduino 是无法识别这些模拟量的，它们必须在经过模数转换变成数字量后，才能被 Arduino 进一步处理。

传感器能够将模拟值如温度等转换成 1024 个状态。由于 Arduino UNO 板控制的电压变化范围是 0～5V，它能将 0～5V 的电压值分成 1024 份。如光线传感器，若感知的光较强，值设为 512，则输出的电压就为 2.5V；若是漆黑的夜晚，感知不到光，值为 1023，则输出的电压就为 0V。

如图 5-1 所示，Arduino UNO 板共有 A0～A5 六个模拟信号管脚可接入模拟传感器。

图 5-1　Arduino UNO 板上的模拟信号管脚

二、认识电位器

电位器又称为角度传感器，如图 5-2 所示，它是一种最简单的模拟输入设备。

电位器实际上就是一个可变电阻箱，图 5-3 是电位器原理图。通过控制滑块所在的位置，我们可以得到不同的电压值，而输入信号正是从滑块所在的位置接入到电路中的。三个管脚自左至右与 UNO 板上的 5V 管脚、模拟输入管脚、GND 管脚相连。

图 5-2　电位器

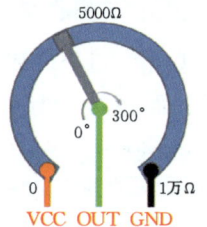

图 5-3　电位器原理

当处在不同角度值时，管脚 VCC、OUT 之间电阻阻值不同，按照分压原理，触角返回的电压值也在 0～5V 之间变化，Arduino UNO 板的数模转换器根据返回的电压数值与输入电压之间 5V 的比例关系，换算成 0～1023 之间的具体数值，返回到 Arduino UNO 板。

◀◀◀◀ 引导实践

制作能无级调节亮度的 LED。

一、搭建硬件

把电位器插在面包板上，VCC、GND 管脚分别用杜邦线接 Arduino UNO 板上的 5V 和 GND 管脚，中间的信号管脚 OUT 接模拟输入管脚 A0

（也可接其他模拟管脚，但要与所写代码对应）。由于 LED 灯的亮度是应用了 PWM 技术，所以 LED 的正极只能接在 3 号、5 号、6 号、9 号、10 号、11 号这六个能够模拟输出的管脚上。本次将 LED 的正极接 10 号管脚（也可接其他几个管脚，但要与所写代码对应），负极与 200Ω 电阻串联后接管脚 GND，电路连接如图 5-4 所示。

图 5-4　无级调节亮度的 LED 电路连接

二、编写程序

本例的原理是：先获取模拟输入管脚 A0 的值（0~1023），Arduino 处理这个数值，在 0~255 的范围内再生成一个值，用这个值来设置模拟输出管脚 10 的脉冲宽度（PWM 值，也就是电压值），从而来改变 LED 的亮度。具体的编写过程如下：

（1）设置模拟输出模块。从"输入/输出"模块中，选择 ，拖曳到程序构建区，将管脚号改为 10。

（2）搭建数值映射结构。从"数学"模块中选择 ，拖曳到程序构建区。再将其拖放到"赋值"框中，如图 5-5 所示。

图 5-5　将数值映射结构语句拖曳到"赋值"框中

再从"输入/输出"模块中，选择 ，拖曳放置在"映射"模块映射来源框中，如图 5-6 所示。

图 5-6　将模拟输入管脚语句拖放到数值映射结构中

（3）设置数值映射数据。模拟输入管脚 A0 的值为 0~1023，模拟输出管脚的值为 0~255。因为电位器电阻越大时，LED 越暗，所以数据设置如图 5-7 所示。

图 5-7　设置数值映射数据

三、编译上传

将写好的程序进行编译、上传。当提示上传成功后，就可用电位器无级调节 LED 的亮度。

❮❮❮❮ 探究学习

还有没有其他方法用电位器来无级调节 LED 的亮度？肯定是有的。

按图 5-8 连接电路，将 LED 正极与电位器 VCC 管脚相连，电位器 OUT 管脚接到 UNO 板上 10 号管脚，LED 负极与电阻串接后连到 UNO 板上 GND 管脚上。

图 5-8　电位器调节 LED 亮度的电路连接

在 Mixly 中编写如图 5-9 所示的程序，并编译、上传到主板。

图 5-9　无级调节 LED 亮度的程序

我们可看到，LED 亮了，调节电位器，LED 灯的亮度也会发生变化。可能有些同学会认为这个做法比数据映射连线容易，程序也简单，所以更好。

是这样的吗？你在调节的过程中仔细看看，能将 LED 亮度调为 0 吗？结果是不行的，其实不只有这个缺点，这种做法还有其他弊端。这个电路是将电位器与 LED 和定值电阻串联起来，这三个元件都成了用电器。它们两端的总电压是恒定的 5V，根据串联电路分压原理，谁的电阻大，分的电压就高。所以，当你调节电位器时，改变了其连入电路的电阻，它分的电压就会相应的改变，LED 分的电压也会同步反向改变，从而 LED 的亮度就会发生变化。但即使电位器电阻调到最大，LED 也是有电阻的，也要分一点电压，也会发一点光，LED 亮度不能调到 0。最大的问题还不是这个。电路中的电位器在此是一个用电器，它会耗电，会发热，不安全。把电位器与 LED 串联接入电路，那它就是一个耗电大户，得不偿失。而把电位器当传感器使用，应用数据映射来调节 LED，可以做到精准、安全。

拓展任务

用电位器可以通过数据映射来调节 LED 的亮度，那能不能将 LED 直接换成小电动机，从而用电位器调节电动机的转速呢？试试看，若达不到目的，请分析一下原因。

第六课

光 控 LED

学习任务

（1）认识光敏传感器。
（2）会将传感器正确连入电路，会用光敏传感器控制 LED 的亮度。
（3）掌握串口监视器的使用方法。

实验器材

Arduino UNO 板、USB 数据线、LED 发光二极管、200Ω 定值电阻、光敏传感器、面包板、杜邦线。

预备知识

一、认识光敏传感器

前面我们已经用按钮和电位器来控制 LED，它们是两种不同类型的传感器。按钮只能返回 0、1 两种信息，属于数字传感器；电位器能返回大小值不同的更多信息，属于模拟传感器。只不过电位器是受人直接掌控的传感器，不受环境改变的影响。而大部分传感器就像人的感觉器官如眼睛、鼻子、耳朵等，

图 6-1 光敏传感器

能将自然环境中的声、光、温度等物理量转化为计算机能处理的电信号。

如图 6-1 所示的光敏传感器能把光信号变成电信号，它是利用半导体的光电效应制成的电阻值随光的强弱而改变的电阻器，入射光强，电阻减小；入射光弱，电阻增大。

光敏传感器共有四个管脚，VCC 接 UNO 板上 5V 管脚，GND 接 UNO

板上 GND 管脚。AO 和 DO 只能根据需要接一个，如果要模拟输入就把 AO 接在管脚 A0～A5 中的一个；如果只需判断有无光线，则用 DO 接数字输入管脚就行了。

二、了解 Arduino 串口监视器

在 Arduino 中，我们会经常用到串口监视器。如图 6-2 所示，可以用 Mixly 下方的"串口监视器"按钮打开监视器窗口。

串口监视器能在 Arduino 和计算机之间建立起联系，我们在计算机上通过串口监视器就能适时看到 Arduino 模拟输入口采集来的数

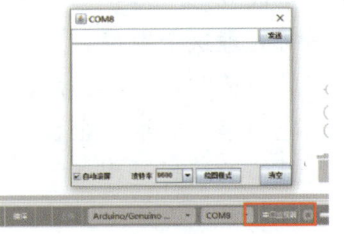

图 6-2 串口监视器

据，如温度、声音等变量的变化。同时，我们也能编程通过串口向 Arduino 发送数据，从而控制其他元件。

〈〈〈〈 引导实践

制作光控 LED。

一、搭建硬件

本例要达到的效果是：当光线较暗时，LED 就亮，否则 LED 就熄灭。

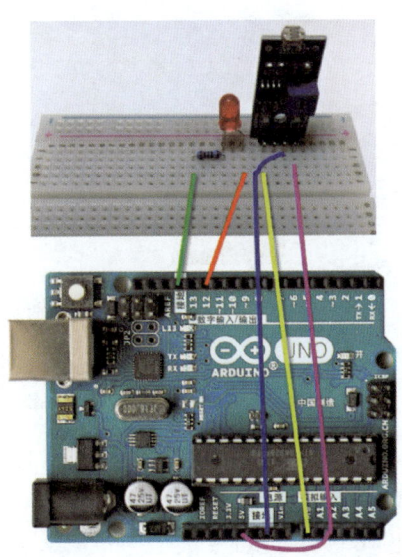

图 6-3 光控 LED 电路连接

由于 LED 只需亮和灭两种状态，所以不需接具有 PWM 功能的管脚，接数字输出管脚就行了，光敏传感器接模拟输入管脚 A0～A5 的任意一个都行。

把光敏传感器插在面包板上，VCC、GND 管脚分别用杜邦线接 Arduino UNO 板上的 5V 和 GND 管脚，信号线 AO 管脚接模拟输入管脚 A0（也可接其他模拟管脚，但要与所写代码对应）。将 LED 的正极接 UNO 板上的 12 号数字管脚（也可接其他几个管脚，但要与所写代码对应），负极与 200Ω 电阻串联后接 UNO 板上的 GND 管脚。光控 LED 电路连接如图 6-3 所示。

二、编写程序

本例的原理是：先通过光敏传感器获取光线强弱，阻值会随时发生变化，生成 0~1023 的一个数，再经模拟管脚 A0 输入 Arduino 主板，处理器会适时处理这个数值，若光线弱，阻值就大，数值也会大。当数值大于程序设定的数值时，给 12 号数字管脚一个高电平，则 LED 会亮，否则 LED 会熄灭。应用串口监视器全程监视光线强弱的变化。

具体的编写过程如下：

（1）选取条件判断指令。从"控制"模块中选定 指令，拖曳到程序构建区。

（2）选取数据比较语句。本例中，要判断光线的强弱，即数值的大小，就要用到数据比较语句。

如图 6-4 所示，从"逻辑"模块中选择数据比较语句，拖曳到程序构建区，放置于条件判断指令"条件"框中，如图 6-5 所示。

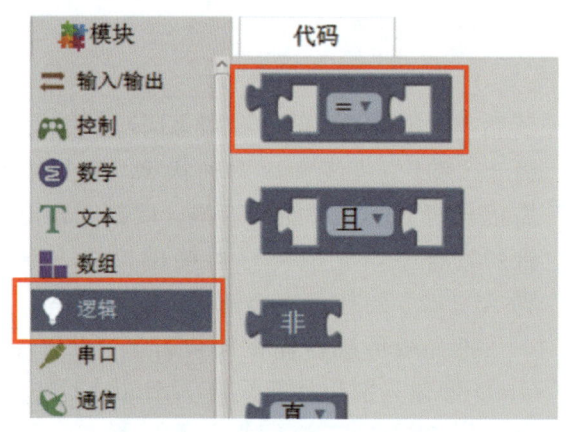

图 6-4 数据比较语句　　　　图 6-5 搭建条件判断结构

（3）编写数据比较语句。从"输入/输出"模块中选取 ，放置于数据比较语句左框中；从"数学"模块中选取 ，放置于数据比较语句右框中，数字改为 200（根据需要，也可设置其他数值）；将中间的"＝"改为"＞"。设置好的数据比较语句如图 6-6 所示。

（4）编写预设效果语句。从"输入/输出"模块中选取

如果
模拟输入 管脚# A0
>
200
执行

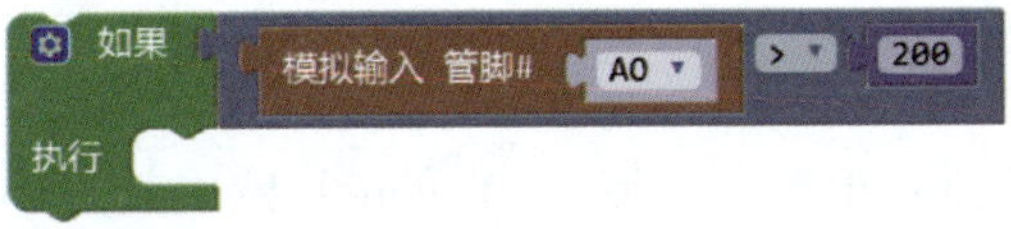

图 6－6　设置数据比较语句

放置于“执行”右边的框中，并将管脚号改为 12 号，下方放置从“输入/输出”模块中选取的
延时 毫秒 1000
语句；再将
数字输出 管脚# 12 设为 高
语句复制一条后放置于条件语句外面“执行”的下方，将电平由“高”改为“低”。

（5）编写串口监视语句。如图 6－7 所示，从“串口”模块中选取
Serial 打印（自动换行）
，放置于程序块的最上方，将
模拟输入 管脚# A0
复制后放置于“自动换行”的右方。

文本
数组
逻辑
串口
通信
传感器
执行器
Serial 打印
Serial 打印（自动换行）
Serial 打印（16进制/自动换行）
Serial 有数据可读吗?

图 6－7　串口监视语句

整个编写好的程序如图 6－8 所示。

Serial 打印（自动换行） 模拟输入 管脚# A0
如果 模拟输入 管脚# A0 > 200
执行 数字输出 管脚# 12 设为 高
延时 毫秒 1000
数字输出 管脚# 12 设为 低

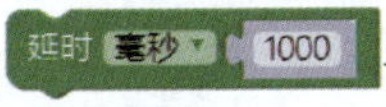

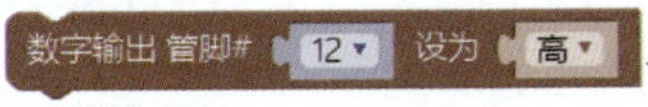

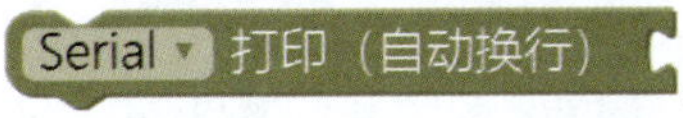

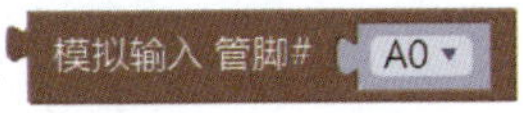

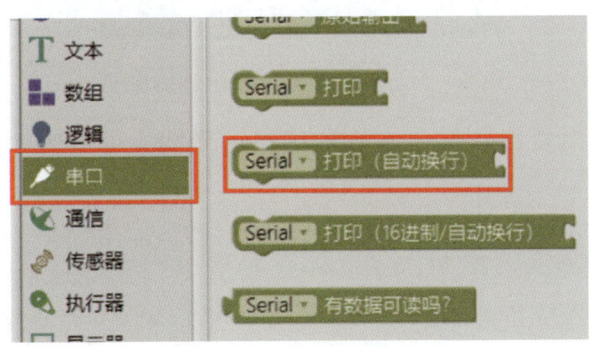

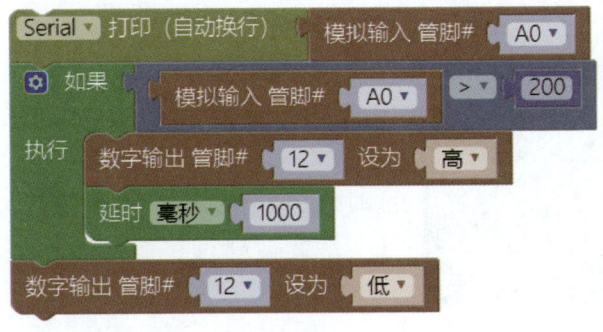

图 6－8　光控 LED 程序

三、编译上传

将写好的程序进行编译、上传。当提示上传成功后,打开串口监视器,可看到不断变化的数据,如图6-9所示,这就是光敏传感器感知的光线变化情况。

图6-9　串口监视器显示适时数据

用手或其他物品挡住射向光敏传感器的光线,可以观察到LED亮;移开,LED灭。

◀◀◀◀ 探究学习

我们可以用光敏传感器和LED设计制作光线强弱报警装置。拟制作的报警装置采用三个LED和光敏传感器。要达到的效果是:当光线强度适中时,绿灯亮;当光线强于正常值时,红灯亮;当光线弱于正常值时,蓝灯亮。始终只有一个LED亮,另两个灭。

本例中涉及三个LED,需并联分别接入8号、10号、12号管脚,LED的负极都要接入GND,Arduino UNO板提供的GND管脚接口不够,可以利用面包板对5V管脚和GND管脚进行扩展。硬件搭建及电路连接如图6-10所示。

图6-10　光线强弱报警装置电路连接

由于涉及三个LED,所以需三个条件判断模块来执行,并且在判断正常光线强度范围时，还需使用"逻辑"模块中的 ▭且▭ 语句。编写好的参考程序如图 6-11 所示，光线强弱数据可根据需要修改。

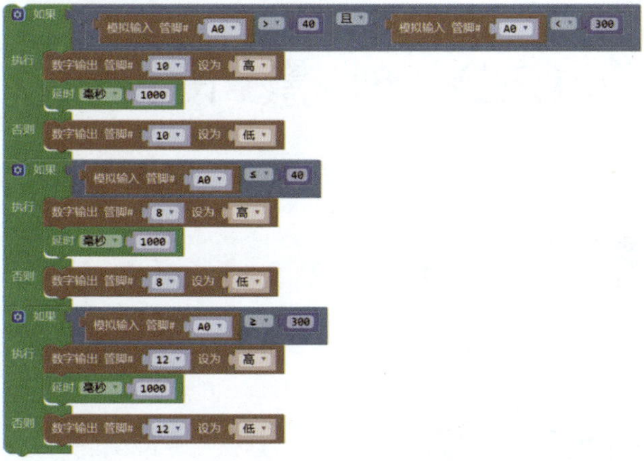

图 6-11 光线强弱报警程序

拓展任务

请你设计出 LED 的亮度随光线强弱变化的装置。要求是光线强，LED 亮度小；光线弱，LED 亮度大。

第七课

LED 创意设计

学习任务

（1）认识超声波传感器和声音传感器。
（2）体验创意设计思路。

实验器材

Arduino UNO 板、USB 数据线、LED 发光二极管、200Ω 定值电阻、超声波传感器、光敏传感器、声音传感器、面包板、杜邦线。

预备知识

一、认识超声波传感器

如图 7-1 所示的 HC-SR04 超声波传感器能和 Arduino UNO 板配套使用，它能提供 2~450cm 的非接触式距离感测功能。

图 7-1　超声波传感器

超声波传感器由超声波发射器、接收器与控制电路组成。基本工作原理如图 7-2 所示：超声波测距模块触发信号后发射超声波，当超声波投射到物体而反射回来时，模块输出一个回响信号，以触发信号和回响信号间的时间差来计算物体的距离。

超声波传感器有四个接线管脚，VCC 接 UNO 板上的 5V 管脚，GND 接 UNO 板上的 GND 管脚，Trig 是发射信号端可接 UNO 板上的数字管脚，Echo 是接收信号端也可接 UNO 板上的数字管脚，编写程序时一定要注意与接线时的管脚号一致。

第七课　LED 创意设计

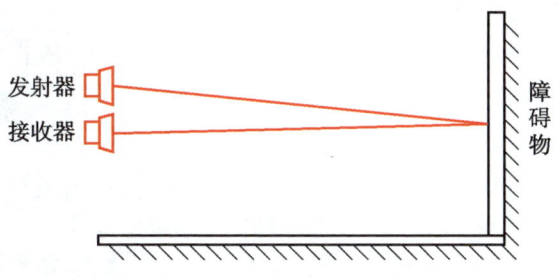

图 7-2　超声波传感器原理

二、认识声音传感器

声音传感器模块对环境声音强度最敏感，一般用来检测周围环境的声音强度。

如图 7-3 所示，声音传感器共有四个管脚，接线方法与光敏传感器一样，VCC 接板上 5V 管脚，GND 接板上 GND 管脚。AO 和 DO 只能根据需要接一个，如果要模拟输入就把 AO 接在管脚 A0～A5 中的一个；如果只需判断有无声音，则用 DO 接数字输入管脚就行了。

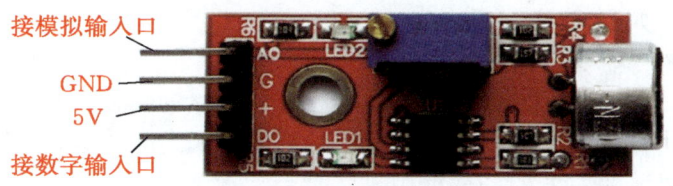

图 7-3　声音传感器

引导实践

通过前面的学习，我们看到 LED 可以应用在两个方面，一是作为报警显示；二是可作为照明工具。无论用在哪方面，都需和传感器结合才能做成智能装置。下面，我们通过两个实例来进行 LED 创意设计。

一、距离报警装置

1. 作品创意

某一文物在展览时只能远观，不能靠近，更不能触摸。我们可以给文物设计一个报警装置，正常情况下绿灯亮，当有人靠近到一定距离时，绿灯熄灭，红灯闪烁，提醒观众文明观展。感知距离可以用超声波传感器，红、绿灯用 LED。还需要的器材是：Arduino UNO 板、USB 数据线、200Ω 定值电阻、面包板、杜邦线等。

2. 搭建硬件

先用杜邦线将 5V 和 GND 扩展到面包板上。再将超声波传感器 VCC 连接到 UNO 板上的 5V，GND 连接 UNO 板上的 GND，Trig 接 3 号数字管脚，Echo 接 2 号数字管脚。再连接两个 LED，将红、绿两灯的正极分别接在 10 号和 12 号数字管脚，负极各串联一个电阻后分别接在 GND 上。硬件电路连接如图 7-4 所示。

图 7-4　距离报警装置电路连接

3. 编写程序

本例的程序为条件语句结构。从"控制"模块中选取 ，拖曳到程序构建区，打开上方的齿轮图标构建条件语句结构，如图 7-5 所示。

我们设置一个条件就是当距离展品小于 15cm 时，红色 LED 就亮。这就要用到数据比较语句，应从"逻辑"模块选取 ，拖曳放置到条件语句"如果"的右方的条件框中，将"="改为"<"。

图 7-5　条件语句结构

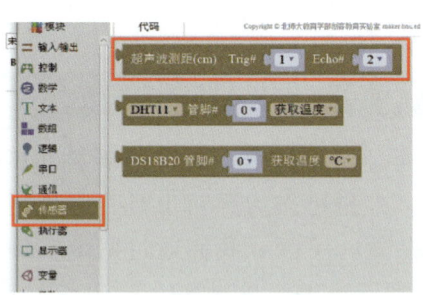

图 7-6　选取超声波语句

从"传感器"模块中选取超声波语句，如图 7-6 所示，拖曳放置到数据比较语句的左框中，并将 Trig 的管脚改为 3，Echo 的管脚号不改，将数据比较语句的右框放置一个定值数据语句 ，将数值改为 15。编好后的条件如

图 7-7 所示。

图 7-7　设置数据比较语句参数

从"输入/输出"模块中选取 ，拖曳放置到"执行"的右边拼接，将管脚改为 10，达到的目的是当距离小于 15cm 时，红色 LED 亮。将此语句块复制，拼接在它的下方，将管脚号改为 12，电平改为"低"，这一句是使绿色 LED 灭。再将这两句分别复制放在下边"否则"右边框中，将 10 号电平改为"低"，12 号电平改为"高"。

编写好的程序如图 7-8 所示。

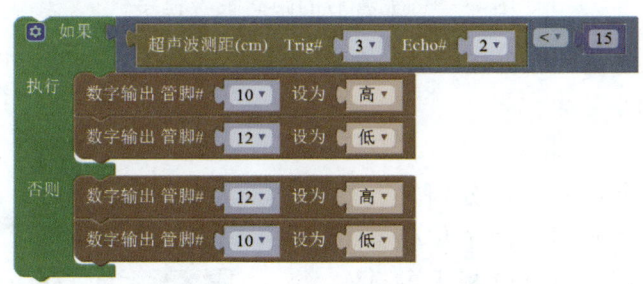

图 7-8　简易距离报警程序

4. 调试修改

将编写的程序编译上传，测试效果。可看到绿色 LED 亮，红色 LED 是熄灭的，用手靠近超声波传感器，当距离在 15cm 以内时，红色 LED 亮，绿色 LED 熄灭。没有达到红灯闪烁的警示效果，程序还需修改。为了达到这个效果，可以在"执行"右边框中嵌套一个重复执行的条件语句，这个语句在"控制"模块中。

编写好的程序如图 7-9 所示。

经过测试，这个程序能达到所需效果。所以程序编制大多不是一次成功的，特别是比较复杂的程序，需反复测试修改，并且可能写的程序不同，也能达到同一效果。

二、楼道声光控灯

1. 作品创意

楼道的声光控灯一般有这样的功能：光线强时，不会亮；光线弱时，增

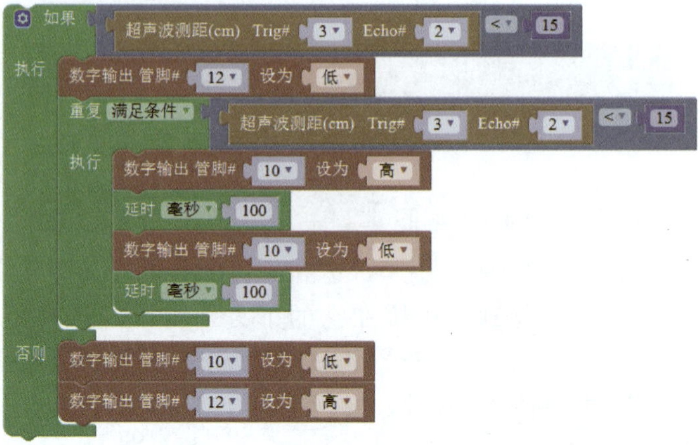

图 7-9 完善后的距离报警程序

大脚步声或拍拍手,灯会亮,过一会儿又会自动熄灭。我们可以用传感器和 LED 来模拟这个效果。

2. 搭建硬件

本例需两个传感器,分别是光敏传感器和声音传感器。两个传感器的接法相同,VCC 接 UNO 板上的 5V,GND 接 UNO 板上的 GND。由于光和声音都要辨别大小,所以都应把传感器上的 AO 接入 UNO 板上模拟输入口,光敏传感器接 A0,声音传感器接 A1。LED 正极接在 UNO 板上的 12 号数字管脚,LED 负极串联电阻后接在 UNO 板上的 GND 上。声光控灯电路连接如图 7-10 所示。

3. 编写程序

先给出程序,然后一步一步分析每一语句的作用。编写的参考程序如图 7-11 所示。

图 7-10 声光控灯电路连接

程序第一行的作用为串口数据打印,我们可用串口监视器来查看适时光线强弱,也可改为查看 A1 数值,即声音的大小。

程序的结构为条件语句。"执行"右边框中的语句表示:当条件满足时,接在管脚 12 号口的 LED 灯亮 5s 后再熄灭。"否则"右边框中的语句表示：当条件不满足时，接在管脚 12 号口的 LED 灯不亮。"如果"右边拼接的条件应用了并列结构，两个条件都要满足。即光线要弱到一定程度时，声音要大到一定程度，两者同时满足，缺一不可。

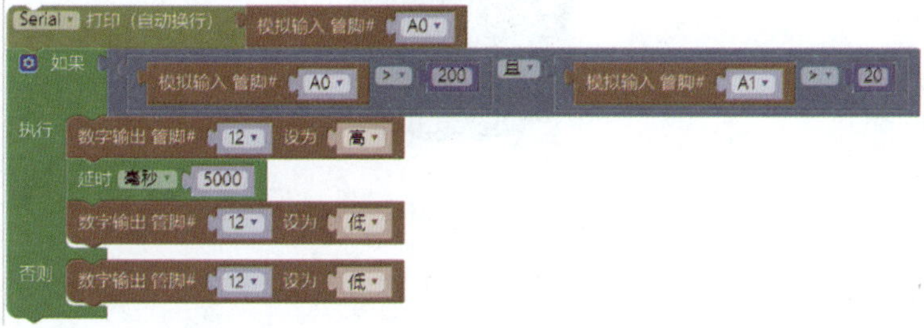

图 7-11 声光控灯程序

条件判断语句的搭建。从"逻辑"模块选取  ，拖曳到程序构建区，继续从"逻辑"模块选取  ，拖放在  两边的拼接框中，一边放一个。然后在  中分别设置好两个条件就行了。

4. 调试修改

本例的调试主要是 A0 和 A1 比较值数据大小的设置。可以应用串口监视器来帮助。设置好后，程序的第一行"串口打印"可删除，它不影响程序执行的效果。

拓展任务

距离报警装置报警时只有红灯闪烁，若同步有声音报警就完美了。Mixly 为我们提供了声音播放模块，如图 7-12 所示，并且声音效果也很多，可自由选取。

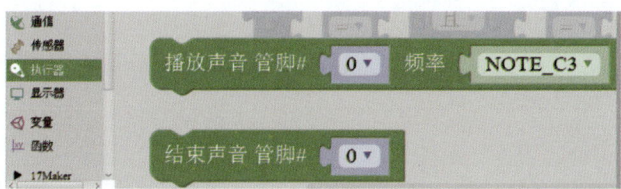

图 7-12 声音播放模块

要把声音播放出来，还需有播放设备，可以应用图7-13中的无源蜂鸣器来实现。

图7-13　无源蜂鸣器

试试看，将无源蜂鸣器接入距离报警装置，要求当红灯闪烁时可同步听到报警声。

第八课

从 LED 到 LCD

学习任务

（1）认识 IIC LCD1602 液晶显示器。
（2）会使用 IIC LCD1602 液晶显示器。
（3）学会使用变量。

实验器材

Arduino UNO 板、USB 数据线、IIC LCD1602 液晶显示器、LED 发光二极管、200Ω 定值电阻、超声波传感器、蜂鸣器、面包板、杜邦线。

预备知识

认识 IIC LCD1602 液晶显示器。

如图 8-1 所示的 IIC LCD1602 液晶显示器是一种常见的字符液晶显示器，因其能显示两行 16×2 个字符而得名。我们可以很方便地使用它来显示英文字母与一些符号。

我们在 Arduino 中使用的 IIC LCD1602 液晶显示器背面如图 8-2 所示，集成了 IIC I/O 扩展芯片 PCA8574，使 LCD1602 液晶显示器的使用更为简单。通过两线制的 I2C 总线，可使 Arduino 实现控制 LCD1602 液晶显示器的目的。SCL、SDA 是 I2C 总线的信号线，SDA 是双向数据线，SCL 是时钟线。I2C 总线既简化了电路，又节省了 I/O 口，使 Arduino 能实现更多的功能。通过模块上的电位器还可以调节 LCD 显

图 8-1　IIC LCD1602 液晶显示器正面

示器的对比度。

图8-2　IIC LCD1602 液晶显示器背面

IIC LCD1602 液晶显示器背后的接线管脚分别为 GND、VCC、SDA、SCL，分别接 Arduino UNO 板上的 GND、5V、SDA、SCL 管脚。Arduino UNO 板上的 SDA、SCL 管脚在如图 8-3 所示位置。

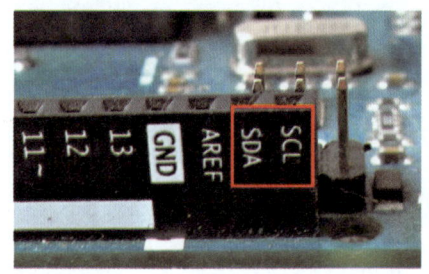

图8-3　UNO 板上的 SDA、SCL 管脚

引导实践

在 IIC LCD1602 液晶显示器上第一行显示"huanying:"，第二行显示"mixly!"。

一、搭建硬件

直接用公母杜邦线将显示器背面的 GND、VCC、SDA、SCL 管脚，分别接在 Arduino UNO 板上的 GND、5V、SDA、SCL 管脚，电路连接如图 8-4 所示。

接好线通电后，屏幕会亮，若能隐约看到两行 16 个方块（图 8-1），就表示正常。否则，就要用小十字形起子调节背后的电位器来改变 LCD 显示器的对比度，直到看到方块为止。

第八课　从 LED 到 LCD　47

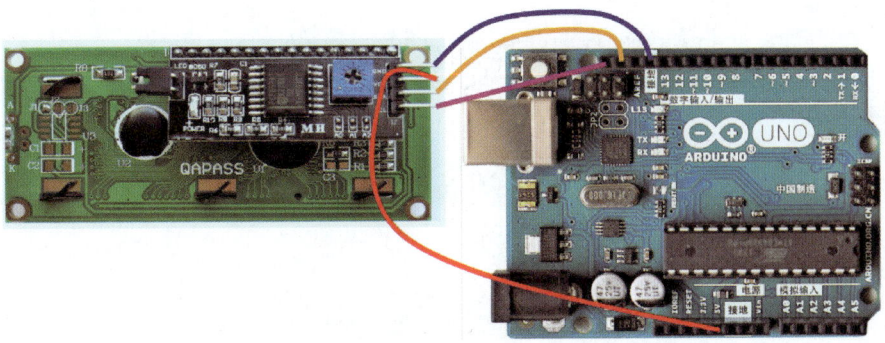

图 8-4　IIC LCD1602 液晶显示器电路连接

二、编写程序

Mixly 中给 IIC LCD1602 液晶显示器提供了四条控制语句，如图 8-5 所示。

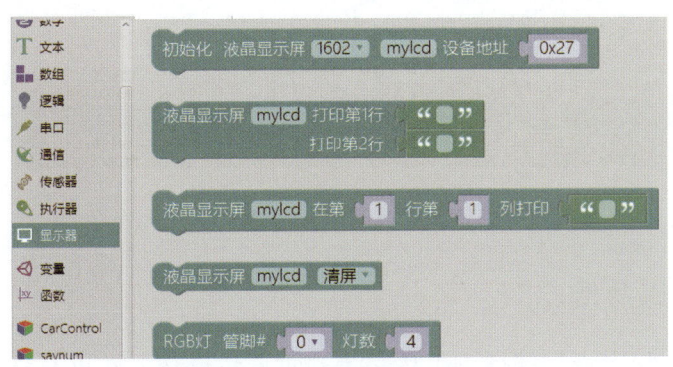

图 8-5　IIC LCD1602 液晶显示器控制语句

第一条 是设置显示器地址的语句，一定要设置正确，否则不能使用。IIC LCD1602 液晶显示器的地址一般是 0×20 或 0×27，若不正确，请看说明书提供的地址。若还是找不到地址，可以百度搜索一下，网上有查看地址的代码，按它要求的步骤进行也能找到 IIC LCD1602 液晶显示器的地址。

应用第二条 可在第 1 行和第 2 行顶格显示设定的字符，只需在空格中输入字符就行了，不能输入汉字，否则在编译和上传时会报错。

第三条  可自由设定字符的位置。

第四条 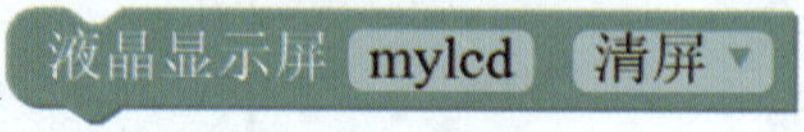 中的下拉菜单有几个选项，如图8-6所示，可根据需要做出特殊效果。

图8-6　IIC LCD1602液晶显示器效果选项

我们要实现的效果是在第一行显示"huanying:"，第二行显示"mixly!"。编写的参考程序如图8-7所示。

图8-7　IIC LCD1602液晶显示器显示程序

三、编译上传

将写好的程序进行编译、上传。当提示上传成功后，可看到如图8-8所示的效果。

图8-8　IIC LCD1602液晶显示器显示效果

若不成功，可能是显示器地址错误，改为0×20再上传试试，或还不成功，则要从说明书中找或利用网上的程序找显示器地址。

第八课 从 LED 到 LCD

> ◀◀◀◀ 探究学习

前面制作距离报警装置报警时只有红灯闪烁，若能同步显示距离值那就更直观了。下面，我们就用 IIC LCD1602 液晶显示器来动态地适时显示超声波感知的距离。

需要的器材及电路连接如图 8-9 所示。

图 8-9　距离报警装置电路连接

将 5V 和 GND 扩展到面包板上，超声波 Trig 管脚接 UNO 板上的 3 号数字管脚，Echo 管脚接 UNO 板上的 2 号数字管脚。红色 LED 的正极接 UNO 板上的 12 号管脚，负极串联一个电阻后接在 GND 上。用公母杜邦线将 IIC LCD1602 液晶显示器背面的 SDA、SCL 管脚对应接在 Arduino UNO 板上的 SDA、SCL 管脚，GND、VCC 接在面包板上。

在编写程序时，考虑到显示器显示的距离是一个动态变化的物理量，所以要首先声明一个变量来表示超声波测得的距离。

从"变量"模块中选取 [声明 item 为 整数 并赋值]，拖曳到程序构建区，并将其改名为"juli"，属性改为"小数"。即 [声明 juli 为 小数 并赋值]。这样操作后，如图 8-10 所示，在"变量"模块中就有了变量"juli"的相关语句。

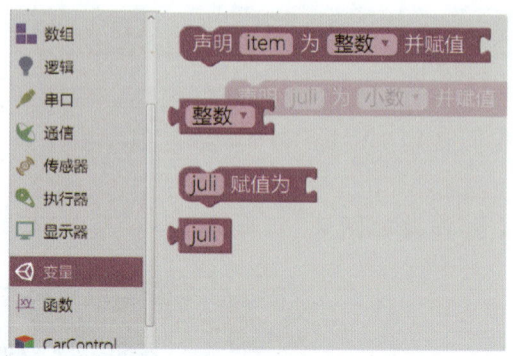

图 8-10 声明 "juli" 变量

图 8-11 为编写的参考程序。

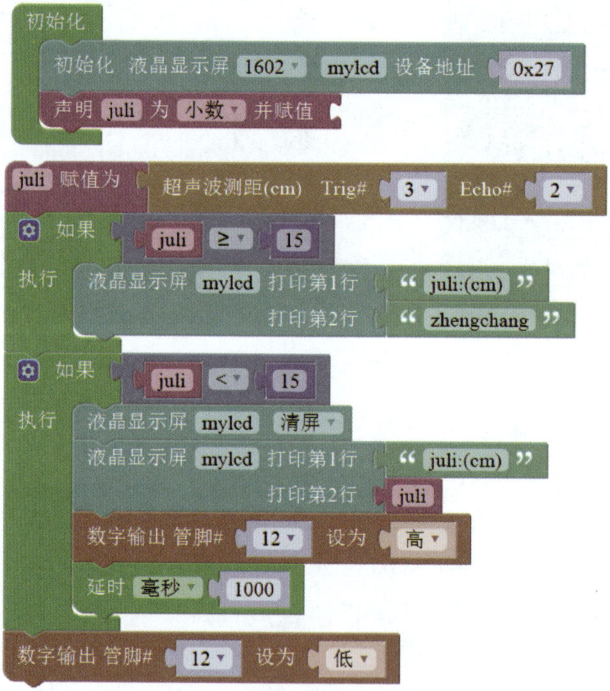

图 8-11 距离报警装置程序

我们来分析一下这个程序结构。上面的 "初始化" 模块不能与下方的程序结构拼接，这是因为它只运行一次，而下面的程序自上而下运行完后会重复运行。下方的结构为两个条件判断语句的拼接，分别针对两种条件判断为真时的反应。在下方的条件判断语句中应用了 "延时" 语句，这样才能使显示器显示时数据不闪烁，方便观察。

上传成功后，当障碍物在超声波 15cm 或以外时，显示"zhengchang"如图 8－12 所示。

图 8－12　IIC LCD1602 液晶显示器显示"zhengchang"

当在 15cm 以内时，红灯亮，显示器显示适时的距离如图 8－13 所示。

图 8－13　IIC LCD1602 液晶显示器显示适时的距离

拓展任务

本节课学习的超声波测距显示的程序达到了很好的效果，但它不是唯一的，也可能还有更好的、更简单的语句就可达到同一效果。请你以上面的程序为蓝本进行修改简化，看看能不能达到一样的效果。

第九课

转 动 风 扇

📓 学习任务

(1) 认识 130 型电动机和 L298N 电机驱动器。
(2) 会使用 L298N 电机驱动器转动风扇。

🔬 实验器材

Arduino UNO 板、USB 数据线、130 型电动机、软扇页片、L298N 电机驱动模块、杜邦线。

📁 预备知识

一、认识 130 型电动机

如图 9-1 所示,130 型电动机也称微型 130 马达,可用直流供电,在 3~5V 下能正常转动。它由定子和转子两个部分构成,有两个接线端,分别接正极和负极,可反接,不过转动方向会发生改变。130 型电动机调速就是调节两端的电压,可以通过前面学过的 PWM 来实现。

如图 9-2 所示,可用 130 型电动机做风扇,还能用它做智能小车。

图 9-1　130 型电动机　　　　图 9-2　130 型电动机风扇

二、认识 L298N 电机驱动器

Arduino UNO 板输出管脚提供的电流很小，点亮 LED 没问题，但不能直接驱动电机和其他功率较大的元件。若要应用大功率的元件，就需要具有放大功能的模块。本例中就要应用图 9-3 中的 L298N 电机驱动器来驱动 130 电动机。

L298N 电机驱动器包含 4 通道逻辑驱动电路。内含两个 H 桥的高电压大电流双全桥式驱动器，接收标准 TTL 逻辑电平信号，可同时驱动两个电机。

L298N 电机驱动器输出口 A、B 可各接一个电机。下端共有七个接口，"12V 供电"接口一定要接 Arduino UNO 板上的 5V 管脚，"供电 GND"接口接 UNO 板上的 GND 管脚。还有一个"5V"暂不用接。电源接口右边共有两组模拟

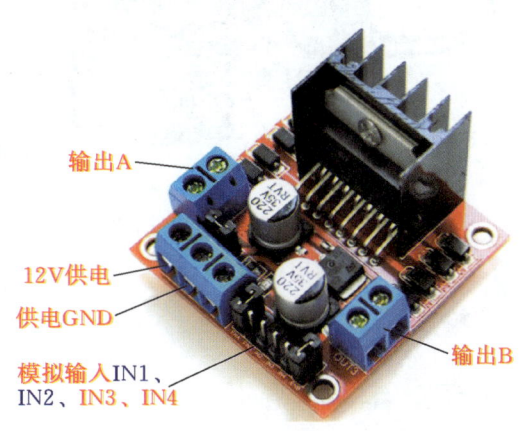

图 9-3　L298N 电机驱动器

输入接口，其中 ENA 与 IN1、IN2 为一组，驱动输出口 A 上的电动机；ENB 与 IN3、IN4 为一组，驱动输出口 B 上的电动机。IN1、IN2、IN3、IN4 只能与板上能够输出 PWM 值的 3 号、5 号、6 号、9 号、10 号、11 号管脚相连，用来控制转速（0～255）。IN1 与 IN2 的作用是给电机提供电流，另外一组 IN3、IN4 的作用同样如此。ENA、ENB 叫使能端，上面的连接帽不能拔出，否则对应的输出口就没有电流，电机不会转动。

◀◀◀◀ 引导实践

应用 L298N 电机驱动器使 130 型电动机风扇转起来。

一、搭建硬件

由于用到的元件较少，接口够用，所以本例不用面包板，直接用杜邦线来连线，电路连接如图 9-4 所示。

连线时不通电，先连接 L298N 电机驱动器上的线。

用小十字形起子将两根公对公型杜邦线牢固地接在"12V 供电""供电

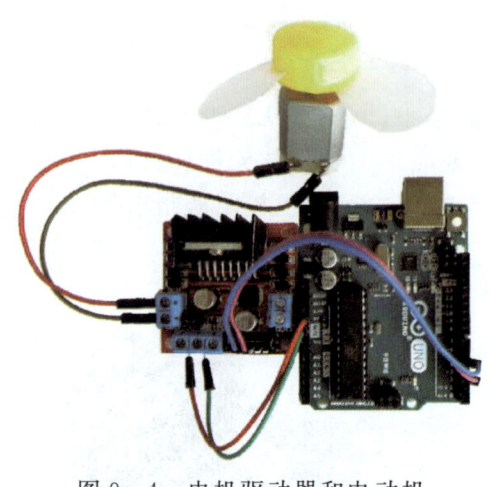

GND"线口内,对应地将"12V 供电"另一头插入 Arduino UNO 板上的 5V 管脚,"供电 GND"插入 GND 管脚。

用小十字形起子将两根公对公型杜邦线牢固地接在"输出口 A"两个线口中,另一头接在 130 型电动机两端,最好焊接。

由于我们只用了一个电机,用了"输出口 A",所以模拟输入口只需用 IN1 与 IN2。用公对母杜邦线将 IN1 与 UNO 板上 3 号管脚、IN2 与 UNO 板上 5 号管脚分别连接好。

图 9-4　电机驱动器和电动机风扇电路连接

检查电路,确保无误后才能用 USB 线连接电脑。

二、编写程序

前面我们使用 LED 时,都是将负极接在 GND 上,正极接在数字或模拟管脚,电流从 GND 流出。而通过 Arduino UNO 板的 PWM 功能可以任意设定电流的方向,图 9-5 中的程序将 3 号管脚的值设为 0,5 号管脚的值设为 150,方波宽带为 150,在这两个管脚之间就会产生电压,则 5 号管脚相当于正极,3 号管脚相当于负极。

图 9-5　转动风扇程序

三、编译上传

将上面的程序进行编译、上传。当提示上传成功后,可看到风扇转动的效果。

探究学习

调整参数,改变风扇的转动方式。

一、改变转动方向

图 9-6 中的程序将 3 号管脚的值设为 150,5 号管脚的值设为 0,方波宽

带为 150，在这两个管脚之间就会产生电压，电流会从 3 号管脚流向 5 号管脚，则 3 号管脚相当于正极，5 号管脚相当于负极。

图 9-6　反向转动风扇程序

上传此程序后，风扇则会改变转动方向。

二、改变转动速度

图 9-7 中的程序将 3 号管脚的值改为 200，则 3 号和 5 号管脚方波宽带为 200，产生的电压变大，电路中的电流就变大，风扇就转得快。

上传此程序后，可观察到风扇比前次转得快。

三、使转动的风扇停止

想让风扇转动 10s 后自动停止，可应用图 9-8 中的程序。

图 9-7　加速转动风扇程序

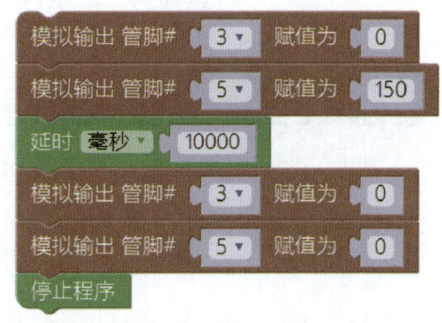

图 9-8　转动和停止风扇程序

延时后面将 3 号和 5 号管脚的值都改为 0，这样两个管脚间方波宽带为 0，不会产生电压，所以风扇停止转动。能不能将 3 号和 5 号管脚的值都改为 150 呢，两个管脚间方波宽带也为 0，风扇也会停止转动，但这样做对 L298N 电机驱动器的损害较大，最好不要试。

◀◀◀◀ 拓展任务

根据用按钮开关控制 LED 亮和灭的方法，尝试用按钮开关来控制风扇的转动与停止。

第十课

调档风扇

学习任务

（1）会分别使用三个按钮和一个按钮做调档风扇。
（2）理解和学会应用多层嵌套语句。

实验器材

Arduino UNO 板、USB 数据线、130 型电动机、软扇页片、L298N 电机驱动模块、三个按钮开关、杜邦线。

引导实践

应用三个按钮做一个调档风扇。

要达到的效果是：在任何情况下，当按第一个按钮时，风扇转速小；按第二个时，风扇转速大；按第三个时，风扇停止转动。

一、搭建硬件

用面包板对 5V 和 GND 进行扩展，如图 10-1 所示，5V 用红色线接在"＋"这一排，GND 用蓝色线接在"－"这一排。

L298N 电机驱动模块"12V 供电""供电 GND"口分别接在面包板上的"＋""－"排中，IN1 与 UNO 板上 3 号管脚、IN2 与 UNO 板上 5 号管脚分别连接好，"输出口 A"两个接线口分别与 130 型电动机两端接线片相连。

本例中，我们应用了三个按钮，红色为停止，蓝色为低速，绿色为高速。将它们插在面包板上如图 10-1 所示，各按钮的 VCC 分别接在"＋"排上、GND 接在"－"排上，红色、蓝色和绿色按钮的 OUT 分别接在 UNO 板的 12 号、10 号和 8 号管脚上。

连接后一定要检查电路，确保无误后才能用 USB 线连接电脑。

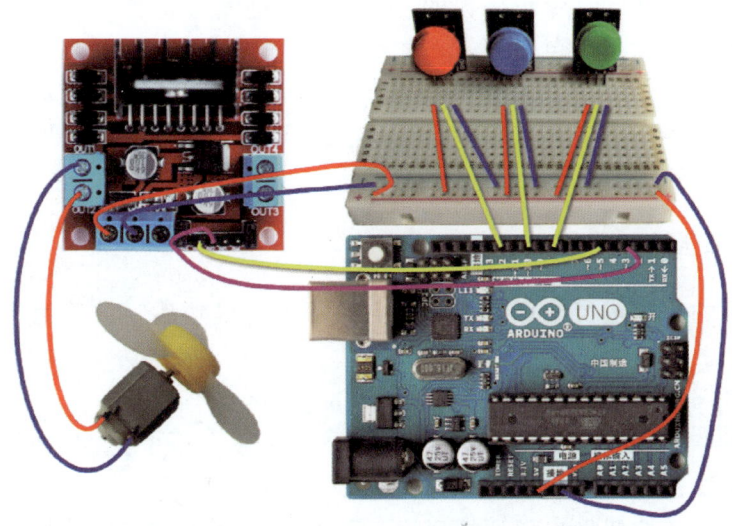

图 10-1 三个按钮调档风扇电路连接

二、编写程序

上一节课中通过 Arduino UNO 板的 PWM 功能，给 3 号和 5 号管脚设不同的值，产生了方波宽带，在这两个管脚之间就会产生电压，于是风扇就转动了。不同的方波宽带，转速就不同，如果方波宽带为 0，则风扇就不会转动。

本例应用三个并列的条件判断语句实现三个按钮来调速的效果。编写的参考程序如图 10-2 所示。

红色按钮的 OUT 接的是 12 号管脚，第一个条件判断语句的意思是当按下红色按钮时，3 号和 5 号输出值都是 0，方波带宽为 0，两管脚之间产生的电压则为 0，风扇不会转动；蓝色按钮的 OUT 接的是 10 号管脚，第二个条件判断语句的意思是当按下蓝色按钮时，3 号管

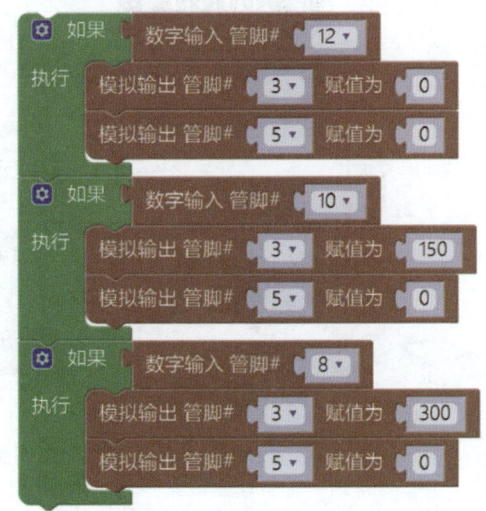

图 10-2 三个按钮调档风扇程序

脚输出值是 150，5 号管脚输出值是 0，方波带宽为 150，两管脚之间会产生

电压,则风扇会转动;绿色按钮的 OUT 接的是 8 号管脚,第三个条件判断语句的意思是当按下绿色按钮时,3 号管脚输出值是 300,5 号管脚输出值是 0,方波带宽为 300,两管脚之间会产生较高电压,风扇会转动得快些。

程序中的三个条件判断语句由于是并列关系,所以可改变顺序,但不影响效果。

三、编译上传

将上面的程序进行编译、上传。当提示上传成功后,试着用按钮来调整风扇的转速。

《《《《 探究学习

用一个按钮做调档风扇。

上面用三个按钮做出了调档风扇,下面用一个按钮来做调档风扇。如图 10-3 所示,在三个按钮的基础上,保留绿色的按钮,其 OUT 输出端与 UNO 板的 8 号管脚相连。

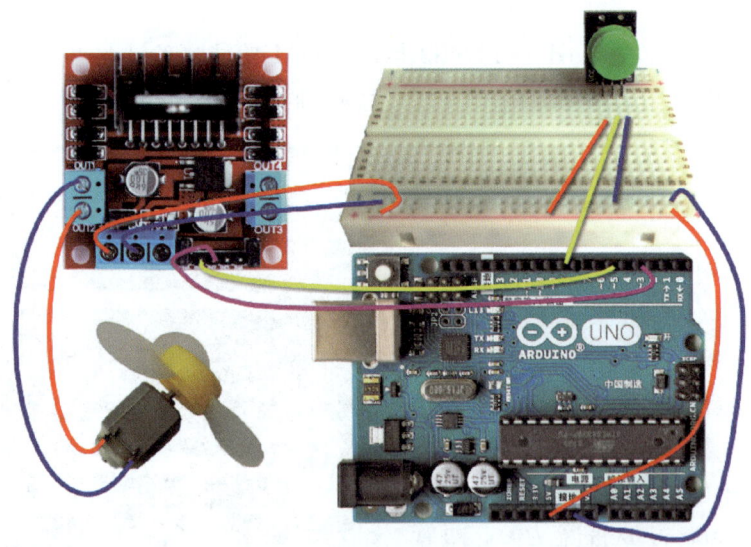

图 10-3 一个按钮调档风扇电路连接

用一个按钮控制风扇的程序应用了变量与 4 层嵌套语句的配合,如图 10-4 所示(1、2、3、4 为标注,不属于程序内容)。

程序第一句 声明 item 为 整数 并赋值 1 为声明变量并赋值为 1。

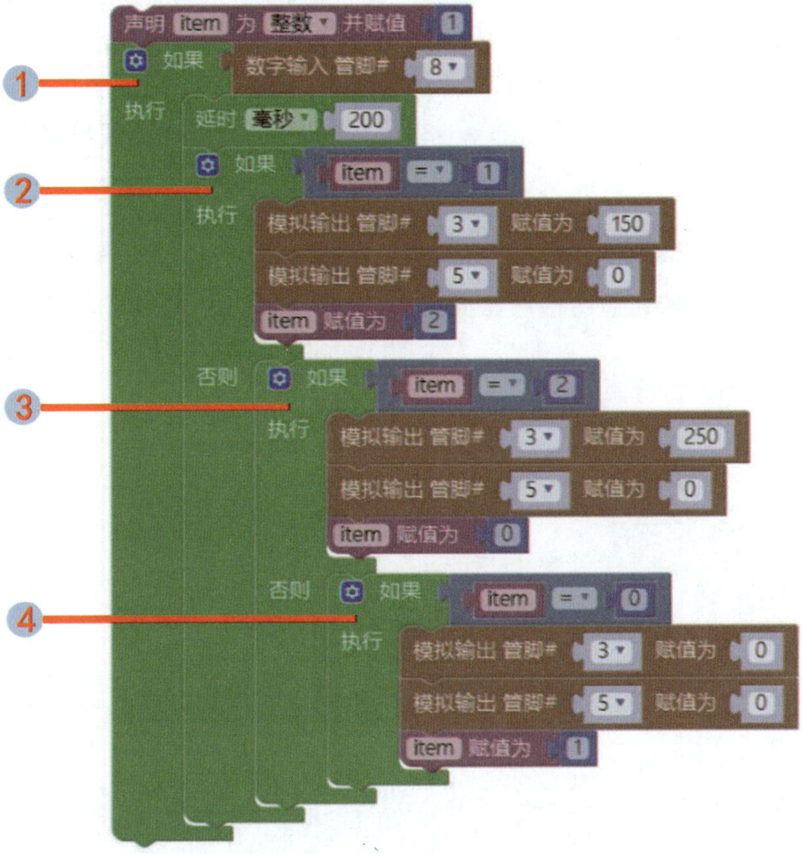

图 10-4　一个按钮调档风扇程序

嵌套 1 为最外层，由只有"执行"一条路径的条件语句构成。当第一次按下按钮时，8号管脚是高电平，条件为真，则会运行"执行"右边嵌套 2 中的条件语句。

嵌套 2 的条件语句有"执行"和"否则"两条路径。当第一次按下按钮时，会执行本语句。由于变量 item 在程序第一句就赋值为 1 了，当然条件为真了，于是"执行"中的语句会运行，风扇就会开始转动。更巧妙的是给变量 item 又赋值为 2，此时风扇不会停止，会继续转动。

当再次（第二次）按下按钮时，这时变量 item 的值为 2，则不会运行嵌套 2 "执行"中的语句了，会执行"否则"中的嵌套 3 条件语句。这时变量 item 的值为 2，条件满足，则"执行"中的语句会运行，风扇转速会变大。同样，又给变量 item 又赋值为 0，但不会影响风扇的转动。

这时再（第三次）按下按钮时，变量 item 的值不是 2 了，所以嵌套 3 的条件不为真，就会运行嵌套 3 "否则"中的嵌套 4 的条件语句。这时 item 的值为 0，条件成立，则运行嵌套 4 "执行"中的语句，风扇就会停止转动。同样，给变量 item 又赋值为 1 了，返回了程序第一句，这样就做到了循环运行。

拓展任务

根据用一个按钮做两档调速风扇的方法，尝试用一个按钮来做三档调速风扇。

第十一课

温控风扇

📓 学习任务

（1）认识 LM35DZ 温度传感器。
（2）会使用 LM35DZ 温度传感器控制风扇。

🔬 实验器材

Arduino UNO 板、USB 数据线、130 型电动机、软扇页片、LM35DZ 温度传感器、L298N 电机驱动器、杜邦线。

📂 预备知识

认识 LM35DZ 温度传感器。

LM35 是由 National Semiconductor （美国国家半导体）所生产的温度传感器，是一种得到广泛使用的温度传感器。图 11-1 中的 LM35DZ 温度传感器能够测量 0～100℃ 的温度，可以直接与 Arduino UNO 板的模拟输入管脚相接。

Arduino UNO 板连接上 LM35DZ 温度传感器在程序的控制下可以随不同的温度变化而产生不同的电压，为线性关系。0℃ 时输出为 0V，每升高 1℃，输出电压增加 10mV。

图 11-1 LM35DZ 温度传感器

◀◀◀◀ 引导实践

当温度达到一定值时，通过 LM35DZ 温度传感器和 L298N 电机驱动器使 130 型电动机风扇转起来。

一、搭建硬件

用面包板对 5V 和 GND 按图 11-2 进行扩展，5V 用红色杜邦线接在"+"这一排，GND 用绿色线接在"-"这一排。先连接 LM35DZ 温度传感器，将其三脚如图 11-2 插入面包板中，中间的 OUT 用杜邦线接入 Arduino UNO 板上的 A0 管脚，VCC 接入"+"这一排，GND 接入"-"这一排（VCC 和 GND 不要接反了，传感器有一面是平面的，上面有文字，左边的针脚是 VCC，右边的是 GND，中间的是 OUT）。

图 11-2　温控风扇电路连接

用小十字形起子将两根公对公型杜邦线牢固地接在"12V 供电""供电 GND"线口内，对应地将"12V 供电"另一头插入面包板上的"+"这一排（图中为红线），"供电 GND"插入"-"这一排（图中为绿线）。

用小十字形起子将两根公对公型杜邦线牢固地接在"输出口 A"两个线口中，另一头接在 130 型电动机两端，最好焊接。

我们只利用了"输出口 A"，所以模拟输入口只需用 IN1 与 IN2。用公对母杜邦线将 IN1 与 UNO 板上 5 号管脚、IN2 与 UNO 板上 3 号管脚分别连接好。

一定要先检查好电路，确保无误后才能用 USB 线连接电脑。

二、编写程序

本例的设计目标为：当温度高于 26℃，风扇转动，否则不转动。所以，我们就要用到条件判断语句，为了简练语句，还可声明变量。完整的程序如

图 11-3 所示。

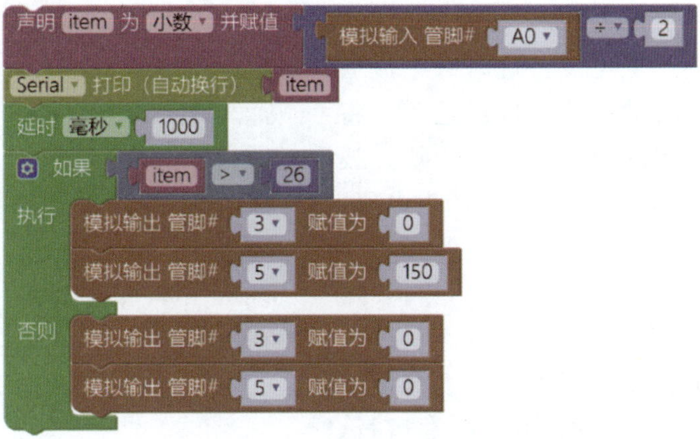

图 11-3 温控风扇程序

LM35DZ 温度传感器的信号输出端 OUT 接的是 Arduino UNO 板上的 A0 管脚，实时的温度值为传感器输出的数值×（5/1023）×100，约为传感器输出的数值除以 2。

第一句  为声明变量  item 获取实时温度。赋值的程序条 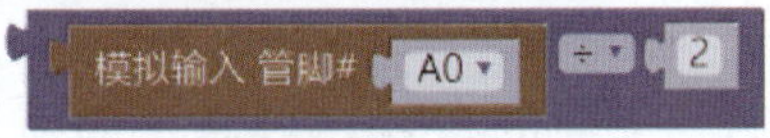 是从图 11-4 中"数学"模块中选择运算语句，将运算选择改为"÷"，后框中将 1 改为 2，前框中从"输入/输出"模块中选择  放入其中。

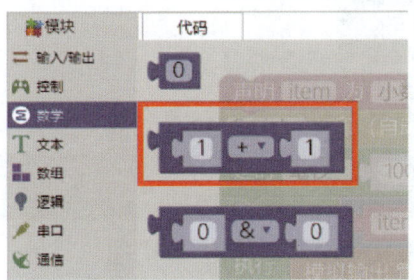

图 11-4 运算语句

第二句  用来通过串口查看实时温度值。

条件语句中，条件为温度高于26℃，即  item 大于26。条件达到时，将3号管脚的值设为0，5号管脚的值设为150，方波宽带为150，在这两个管脚之间就会产生电压，这时有电流通过，风扇就会转动；若条件没达到，将3号和5号管脚的值都设为0，则方波宽带为0，在这两个管脚不会产生电压，风扇不会转动。

三、编译上传

将上面的程序进行编译、上传。当提示上传成功后，软硬件会正常运行。

图11-5 串口监视器查看实时温度

可打开如图11-5所示的串口监视器查看实时温度，方便调整程序中的设定温度值。

◀◀◀◀ 探究学习

当气温达到一定值时，风扇会转动，并能根据气温的变化自动调整转动的速度。气温高，转动快；气温低，转动慢；当气温低于一定值时，风扇停止转动。

要达到上面的目标，只需在前面程序的基础上进行简单的修改。修改好后的程序如图11-6所示。

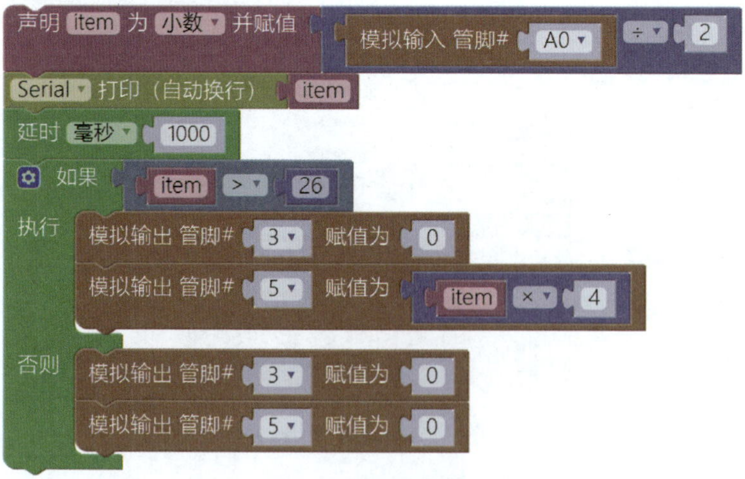

图11-6 调整后的温控风扇程序

我们只是将 `模拟输出 管脚# 5 赋值为 150` 中的固定值 150 改为 `item × 4`，即实时温度的 4 倍，这个会随着气温的变化而变化，方波宽带也会随时变化。当气温变高时，方波宽带变大，电压变高，风扇转得就快；反之，转得就慢。

⫷⫷⫷⫷ 拓展任务

尝试用声音传感器控制风扇的转动，要达到的效果是：声音大，转速大；声音小，转速小。

第十二课

按钮控制舵机

学习任务

（1）认识舵机。
（2）会用按钮控制舵机的运行和停止。

实验器材

Arduino UNO 板、按钮、舵机、杜邦线、USB 数据线、面包板。

预备知识

认识舵机。

如图 12-1 所示，舵机是一种电机，它使用一个反馈系统来控制电机的位置。Arduino UNO 板可控制 9g 的小舵机，舵机可以根据指令旋转到 0°～180°之间的任意角度，然后精准地停下来。转动的角度是通过调节 PWM（脉冲宽度调制）信号的占空比来实现的。需要使用 Arduino UNO 板上的 PWM 管脚控制（数字前带"～"），Arduino UNO 板的驱动能力有限，当需要控制 1 个以上的舵机时需要外接电源。

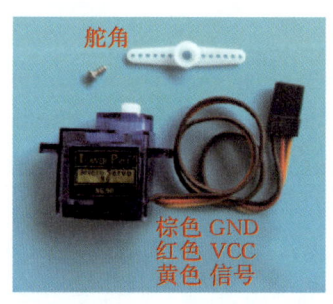

图 12-1　9g 舵机

引导实践

当按钮按下时，舵机能转动。

一、搭建硬件

用面包板对 5V 和 GND 按图 12-2 进行扩展，5V 用红色杜邦线接在"+"这一排，GND 用蓝色线接在"－"这一排。先连接按钮开关，将其三脚如图插入面包板中，中间的 OUT 用杜邦线接入 Arduino UNO 板上的 4 号数字管脚，左边的 VCC 接入"+"这一排，右边的 GND 接入"-"这一排。

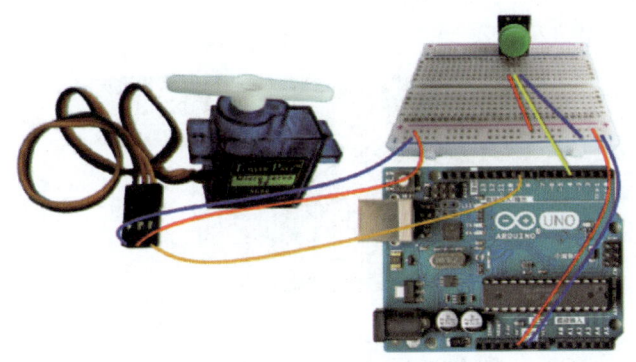

图 12-2　按钮控制舵机电路连接

用公对公杜邦线将舵机棕色线（GND）接入面包板上"-"这一排任一插口，将舵机红色线（VCC）接入面包板上"+"这一排任一插口，将黄色线（信号）接入 UNO 板上的 9 号数字管脚。

对照图 12-2 检查好连线，确保无误后才能用 USB 线连接电脑。

二、编写程序

本例的设计目标为：当按下按钮开关时，舵机转动，不按时不转动。

针对舵机，Mixly 有专门的控制语句。如图 12-3 所示，从"执行器"模块中将舵机控制语句拖放到程序构建区。

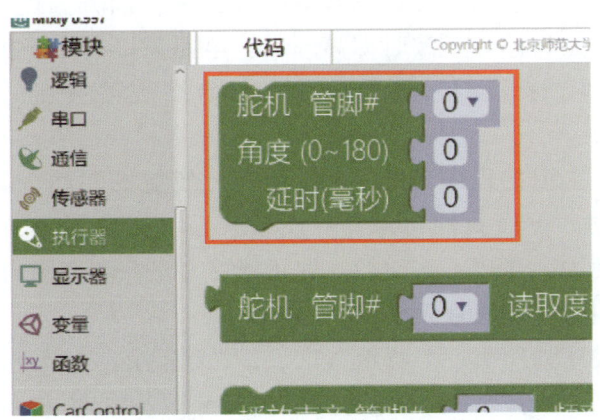

图 12-3　舵机控制语句

将条件判断语句从"控制"模块中拖放到程序构建区,将条件 数字输入 管脚# 0 语句从"输入/输出"模块中拖出来。组合、设置好的程序结构如图12-4所示。

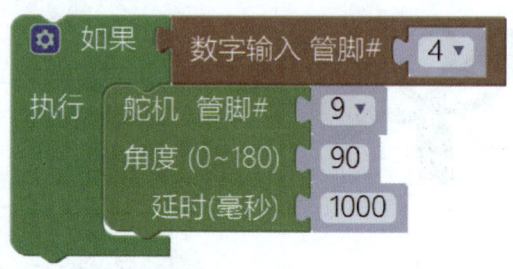

图12-4 按钮控制舵机程序1

舵机的角度只能在0°～180°范围内转动,把角度设为90°,即转到垂直位置就停止。"延时"为转动的时间,不能设为0,否则不会转动。

三、编译上传

将上面的程序进行编译、上传。当提示上传成功后,可按下按钮开关,舵角转到90°(与原位置垂直)停止。

◀◀◀◀ 探究学习

Arduino中的按钮开关不同于物理中的普通电路开关。普通的开关当按下,电路连通后不会主动断开,只有再按一次才会断开。而Arduino中的按钮只有按下时才是通路,不按时即离开后,电路就断开了。如果同上面的例子中的程序一样,来控制元件的变化,要始终按住按钮,这样没有应用价值。

如上所述,上面的程序当按一下按钮后可使舵机转动一定的角度,但停止后不能再转动。下面我们再来写一个程序,在硬件及其连接不变的情况下,达到的目的为:当按下按钮后,舵机能在0°～180°范围内来回循环转动;当再次按下按钮时,舵机停止转动。

编写好的程序如图12-5所示(1、2、3为标注,不属于程序内容)。

程序中应用了变量item,通过控制按钮来改变变量item的值,将变量item的值作为舵机运动变化的条件,从而控制舵机的转动。

标注3中的条件语句程序块是使舵机停止转动,当变量item的值为0

第十二课　按钮控制舵机

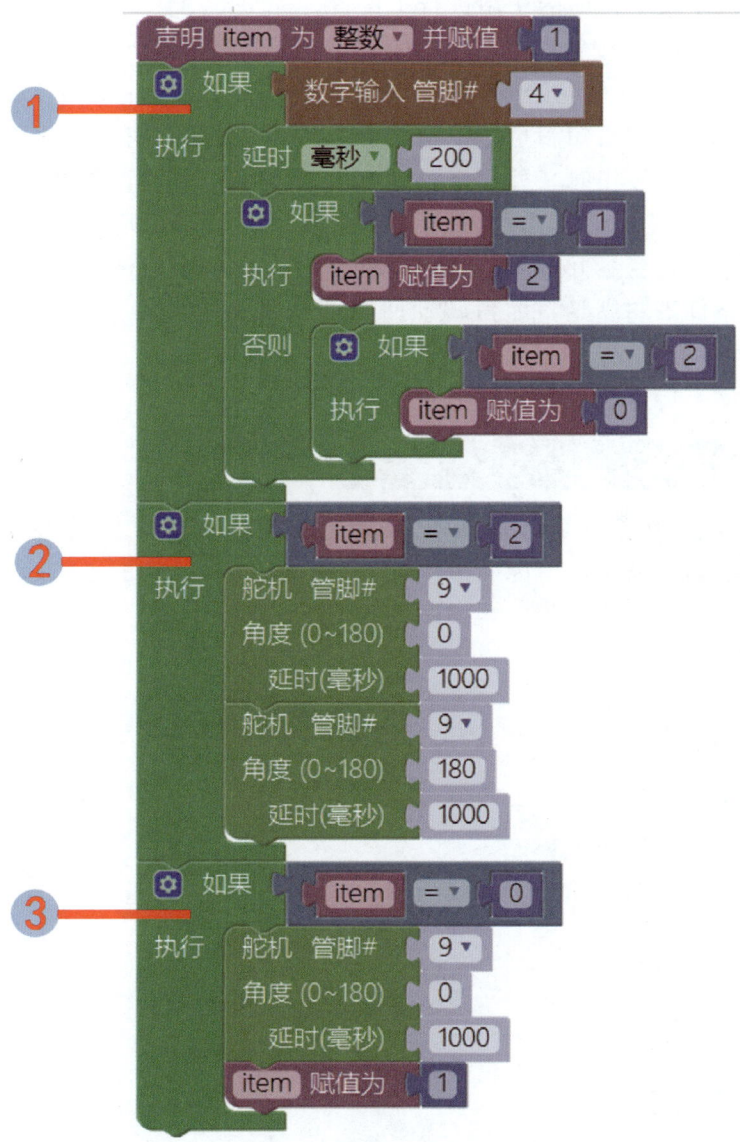

图 12-5　按钮控制舵机程序 2

时，舵角转动回到 0°的初始位置，并且又给变量 item 赋值为 1，这样就返回程序第一句，起了初始化的作用。

标注 2 中的条件语句程序块是使舵机在 0°～180°之间转动，当变量 item 的值为 2 时，舵角就会在 0°～180°之间循环转动。

标注 1 中的条件语句程序块是给变量 item 赋值的，此处使用了三层嵌套形式，对两次按下按钮的作用进行了设置。

当第一次按下按钮时，外层条件语句条件为真，则会执行中层条件语句，由于变量 item 值初始值为 1，条件满足，则会给变量 item 赋值为 2，这时标注 2 中的条件语句满足，于是舵角会在 0°~180°之间来回循环转动。

当再次按下按钮时，外层条件语句条件为真，则会执行中层条件语句，由于变量 item 值这时为 2，条件不满足，则会执行"否则"中的语句，执行内层条件语句，变量 item 值为 2，条件满足，给变量 item 赋值为 0，这时标注 3 中的条件语句满足，舵角转动回到 0°的初始位置，给变量 item 赋值为 1，返回程序第一句。

将程序上传后就可方便地用按钮控制舵机了。

拓展任务

本例中应用变量巧妙地改变了按钮的功能，请你尝试用按钮来控制 LED。达到的要求是：当按下按钮时 LED 亮，再按一下时 LED 熄灭。

第十三课

风扇创意设计

学习任务

（1）会使用舵机和电位器做摇头无级调速风扇。
（2）了解创意设计的方法。

实验器材

Arduino UNO 板、130 型电动机、软扇页片、按钮、舵机、电位器、L298N 电机驱动器、USB 数据线、杜邦线。

预备知识

我们用 Arduino 到底可以做些什么？

前面几节我们应用 Mixly 通过 Arduino 平台设计了一些作品，体会到了 Arduino 的逻辑运算处理功能。其实生活中用到的逻辑运算是很多的，如：当按下一个按钮时可以点亮灯；当灯亮了对应的监控探头可以被激活；当某扇门打开了会响起音乐；土壤太干燥了可以加些水；温度高了可以自动开启空调。你也可以考虑一些更复杂的情况，如：当按下按钮并且有强烈的阳光照射到阳台上的花草时，给土壤浇水、响起音乐并打开空调。以上这些生活中的例子都是可以用 Arduino 实现的逻辑运算。当然，除了 Arduino 本身，我们还需要一些其他的电子元器件，Arduino 在这些应用中扮演着"大脑"的角色。

总之，Arduino 是一种易学易用的单片机平台，通过它可以感知环境和动作，可以产生声光动作，可以和计算机交流。用好 Arduino，可以做出各种奇妙的互动艺术作品。Arduino 是一款不错的电子设计工具，它简单易用、开源、资料丰富，是我们实现自己创意设计的开源平台。

❮❮❮❮ 引导实践

制作无级调速风扇，用电位器可方便调整风扇的转速。

一、搭建硬件

用面包板将 5V 和 GND 进行扩展，如图 13-1 所示，5V 用红色杜邦线接在"＋"这一排，GND 用蓝色线接在"－"这一排。先连接电位器，将其三脚如图插入面包板中，中间的 OUT 用杜邦线接入 Arduino UNO 板上的 A0 模拟输入管脚，左边的 VCC 接入"＋"这一排，右边的 GND 接入"－"这一排。

图 13-1　无级调速风扇电路连接

用小十字形起子将两根公对公型杜邦线牢固地接在"12V 供电""供电 GND"线口内，对应地将"12V 供电"另一头插入面包板上的"＋"这一排（图中为红线），"供电 GND"插入"－"这一排（图中为蓝线）。

用小十字形起子将两根公对公型杜邦线牢固地接在"输出口 A"两个线口中，另一头接在 130 型电动机两端，最好焊接。

我们只利用了"输出口 A"，所以模拟输入口只需用 IN1 与 IN2。用公对母杜邦线将 IN1 与 UNO 板上 5 号管脚、IN2 与 UNO 板上 3 号管脚分别连接好。对照图 13-1 检查好连线，确保无误后才能用 USB 线连接电脑。

二、编写程序

本例的设计目标为：开始风扇不转，当转动电位器上的旋钮时，风扇开始转动，并且风扇转速随旋钮转动而同步改变。完整的程序如图13-2所示。

图13-2　无级调速风扇程序

本例程序只有两句，第一句将3号管脚的值设为0，不变；第二句将5号管脚的值设为从模拟输入A0管脚获取的电位器的适时变化的值。由于A0获取的值为0~1023，而PWM输出的值为0~255，所以应用了数据映射语句。即当A0的值为0时，5号管脚输出的值为255；当A0的值为1023时，5号管脚输出的值为0，中间的值会按比例变化。也就是当旋转旋钮时，5号管脚的值会随时变化，即方波宽带也会变化，在3号和5号两个管脚之间就会产生不同电压，风扇转速就会变化。若转到A0的值为1023时，5号管脚输出的值为0，则方波宽带为0，在这两个管脚不会产生电压，风扇会停止。

三、编译上传

将上面的程序进行编译、上传。当提示上传成功后，转动电位器旋钮，可看到风扇转速发生变化。

> **探究学习**

将风扇固定在舵机舵角上，做一个摇头无级调速风扇。达到的要求是：当按下按钮后，整个风扇在0°~180°范围内循环转动，可用电位器调节风扇的转速。

本例首先要做一个结构连接，如图13-3所示，将十字形舵角用扎线紧紧地绑在130电动机无接线片的平面上，然后将舵角插在舵机上。

实物及电路连接如图13-4所示，实际上就是将上节按钮控制舵机和本节电位器控制风扇组合起来的。

图13-3　将风扇绑在舵角上

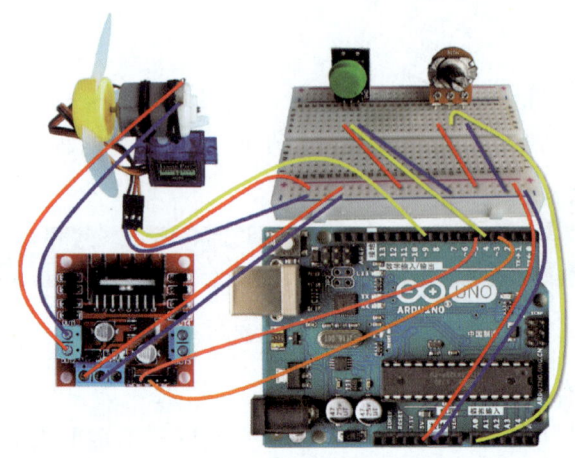

图 13-4　摇头无级调速风扇电路连接

连接用到的杜邦线有 17 根，较复杂，一定要检查好电路后再连接电脑。

控制硬件的程序很好编写，就是将上节按钮控制舵机的程序和本节电位器控制风扇的程序组合在一起就行了。编写好的程序如图 13-5 所示。

图 13-5　摇头无级调速风扇程序

将上面的程序上传。上传成功后，就可用电位器和按钮操作摇头风扇了。

《《《《 拓展任务

日常生活的落地调档风扇是用一个按键控制是否摇头，三个按键用来换档位。你能用前面所学的知识做出来吗？试试看。

第十四课

小车动起来

学习任务

（1）知道小车运动的原理。
（2）会组装小车，能使小车动起来。

实验器材

Arduino UNO 板、L298N 电机驱动器、USB 数据线、杜邦线、2WD1622 两轮智能小车套装（含车架、车轮、电动机、电池盒等）。

预备知识

一、了解小车电路原理

前面我们学会了用 Arduino UNO 板和 L298N 电机驱动器制作风扇，也就是控制了一个 130 电动机的转动。其实 L298N 电机驱动器能同时驱动两个电机，如图 14-1 所示，可以在 L298N 电机驱动器输出口 A、B 可各接一个电机，驱动小车运动。

图中为驱动小车运动的元件和电路连接，UNO 板上 6 号、9 号 PWM 管脚与 L298N 电机驱动器上的 IN2、IN1 相连，控制左边的电动机；UNO 板上 3 号、5 号 PWM 管脚与 L298N 电机驱动器上的 IN4、IN3 相连，控制右边的电动机。由于小车要运动，不可能始终用 USB 与电脑连接，所以要配置专门的电源来供电。拔出 USB 后，上传到 UNO 板中的程序还保存在芯片中。

二、认识 2WD1622 两轮小车底盘套件

图 14-2 为标准的 2WD1622 两轮小车底盘，长为 22cm，宽为 16cm。主

第十四课 小车动起来 | 77

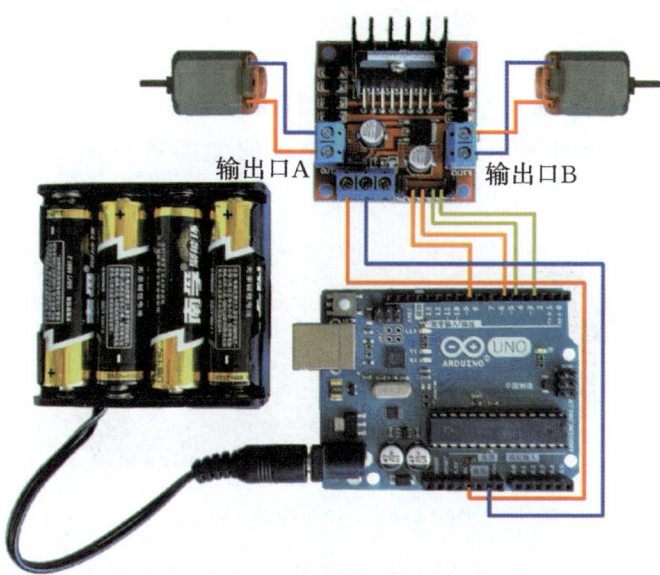

图 14-1 驱动小车运动的电路连接

图 14-2 2WD1622 小车底盘套件

要部件为一块底盘、两个130齿轮马达、两个橡胶轮、一个万向轮和一些紧固件及电池盒。

130齿轮马达是驱动小车的重要元件，大致是一个长方体结构，如图14-3所示，电机上有两个铜接线片，对应的侧部各有一个白色的驱动轴，用于连接车轮。

图14-3　130齿轮马达

如图14-4所示，拆开130齿轮马达，可以看到其组成部分为一个130电机和一个减速齿轮。齿轮的作用是将电机转动的高速转化为小车需要的低速。

图14-4　130齿轮马达内部结构

◀◀◀◀ 引导实践

组装小车，让小车动起来。

一、搭建硬件

1. 小车结构组装

组装前，先要把两个马达上的电线接好，最好焊接，并用胶将电线固定好，如图14-5所示。

图 14-5　130 齿轮马达电线焊接

用紧固薄片和螺杆将马达固定好，要注意，两个电机的接线都要放在内侧。万向轮用螺杆安装在与马达同侧。安装好的底盘如图 14-6 所示，最后安装好橡胶轮就行了。

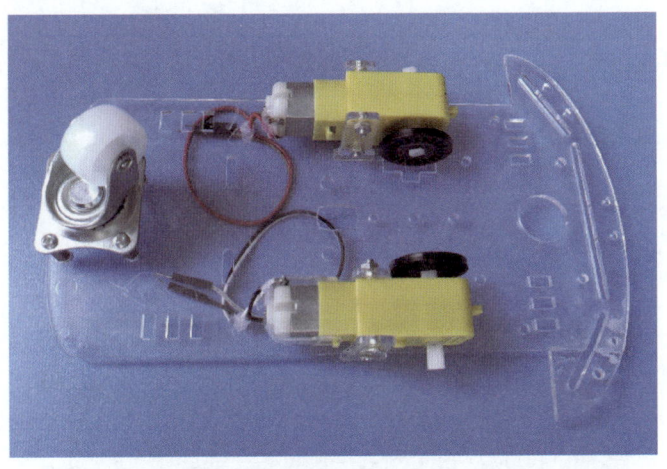

图 14-6　组装小车

2. 电路连接

本例中需要的电子元器件有 Arduino UNO 板、L298N 电机驱动器和电池盒。将小车放平，可将 UNO 板卡在中间位置，L298N 电机驱动器放在后方，连接好后的电路如图 14-7 所示。

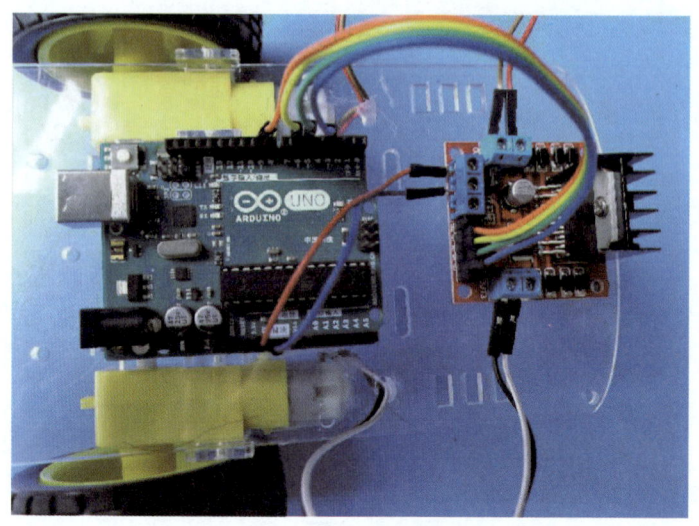

图 14-7　小车电路连接

以 L298N 电机驱动器为终点连线，先将两个马达的驱动线分别接在"输出 A"和"输出 B"端口上。再将 UNO 板上的 9 号、6 号、5 号、3 号管脚分别与 IN1、IN2、IN3、IN4 相连。最后，将 UNO 板上的 5V、GND 管脚与 12V 供电、GND 供电端口相连。

检查好电路后，才能用 USB 将 UNO 板与电脑相连写程序。

二、编写程序

本例的设计目标很简单，就是车轮转动，小车能向前运动。完整的程序如图 14-8 所示。

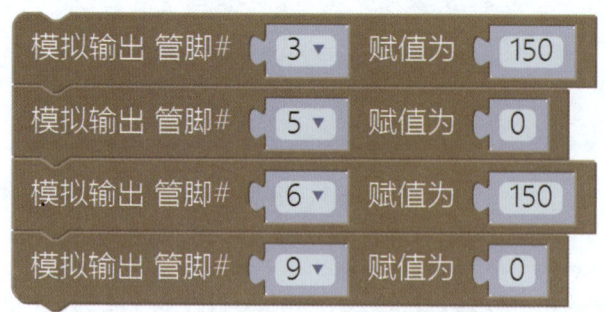

图 14-8　小车向前运动程序

设定的 3 号、5 号管脚间方波宽带为 150，通过 L298N 电机驱动器的 IN3、IN4 控制接在"输出 B"端口的马达。同样，6 号、9 号管脚间方波宽带也为 150，通过 IN1、IN2 控制接在"输出 A"端口的马达。

三、编译上传

本例在上传程序时，要将小车用手拿起来，离开桌面，先调试轮子的转动。可能出现轮子与板子之间接触了，有摩擦，轮子不转，这就要稍微调整一下轮子的位置。也可能出现轮子一正一反地转。出现这种情况时，可以不改连线，将程序中 3 号、5 号管脚或 6 号、9 号管脚的数据相互交换一下再上传就行了。

将程序写入 UNO 板上调试好后，拔出 USB，将装上新电池的电池盒输出端插入 UNO 板的直流输入插孔。如图 14-9 所示，可将小车放在地上，小车就会向前直行了。

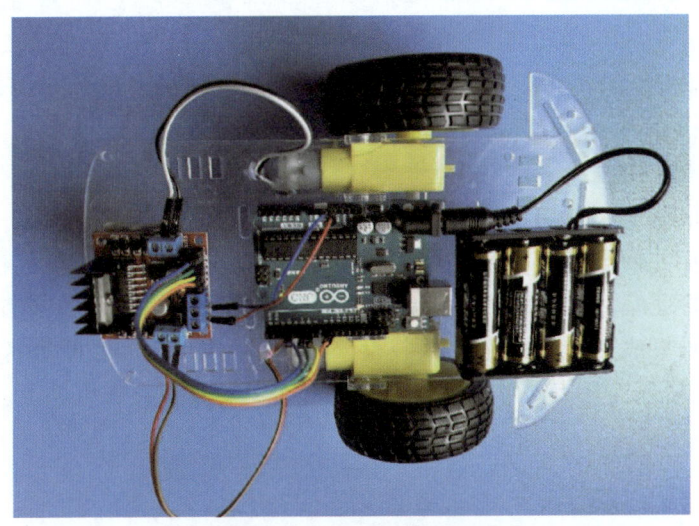

图 14-9　直行小车

拓展任务

上面我们只是将 UNO 板、L298N 电机驱动器、电池盒放在小车上，没有固定。仔细观察，这三个元件上都有一些圆孔，小车底盘上面也有一些方的、圆的孔。可选取合适的螺丝将元件固定在底盘上，当然，也可用其他手段将元件固定。试试看，将小车做得既牢固，又方便拆卸。

第十五课 小车自由行

学习任务

（1）能使小车前后左右自由行走。
（2）学会应用 Mixly 的库功能。

实验器材

Arduino UNO 板、L298N 电机驱动器、USB 数据线、杜邦线、2WD1622 两轮智能小车套装（含车架、车轮、电动机、电池盒等）。

预备知识

了解 Mixly 的库功能。

为了我们方便地使用和分享代码，Mixly 增加了库功能。库功能包括导出库、导入库以及管理库。如图 15-1 所示，当我们编写完一段代码后（如语音播报），可将这个代码集成在一个函数中（假设该函数为 saynum，也可命名为中文，如"库 01"），之后只需要点击导出库并给该库起个名字，保存在电脑上。

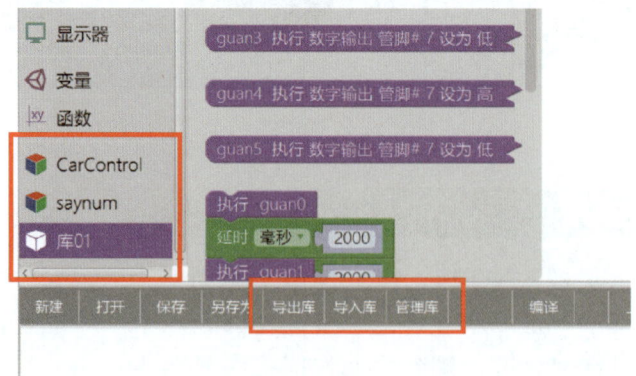

图 15-1　Mixly 的库功能

也可以将该库上传至网上平台，供他人下载使用、学习。当有人下载该代码后，可直接将该库进行导入并使用。单击导入库找到该文件的位置。导入后界面会刷新，等待 1～2s，便可在模块选择区见到新导入的库，同时，在消息提示区也会提示"导入自定义库成功！"，接着可直接单击导入的库，将其中的语句拖入程序构建区来编写。

管理库的功能是可以对已导入的库进行重命名、删除和打开目录。

用好库功能，我们可以分享自己的成果，也能方便地学习别人的经验。

引导实践

小车前后左右自由行走。

一、搭建硬件

本例中需要的电子元器件有 Arduino UNO 板、L298N 电机驱动器、小车套装和电池盒。我们对小车进行了加固处理，UNO 板和 L298N 电机驱动器螺丝固定在底盘上，将电池盒用螺丝固定在底盘下面，如图 15-2 所示。

图 15-2　加固后的小车和电路连接

电路连接和上节一样，以 L298N 电机驱动器为终点连线，先将两个马达的驱动线分别接在"输出 A"和"输出 B"端口上，再将 UNO 板上的 9 号、6 号、5 号、3 号管脚分别与 IN1、IN2、IN3、IN4 相连，最后将 UNO 板上的 5V、GND 管脚与 12V 供电、GND 供电端口相连。

二、编写程序

本例的设计目标是：小车前进一段距离后再后退一段距离，然后向左转前进一段距离再后退一段距离，最后向右转前进一段距离再后退一段距离，循环此运动方式。完整的程序如图 15-3 所示。

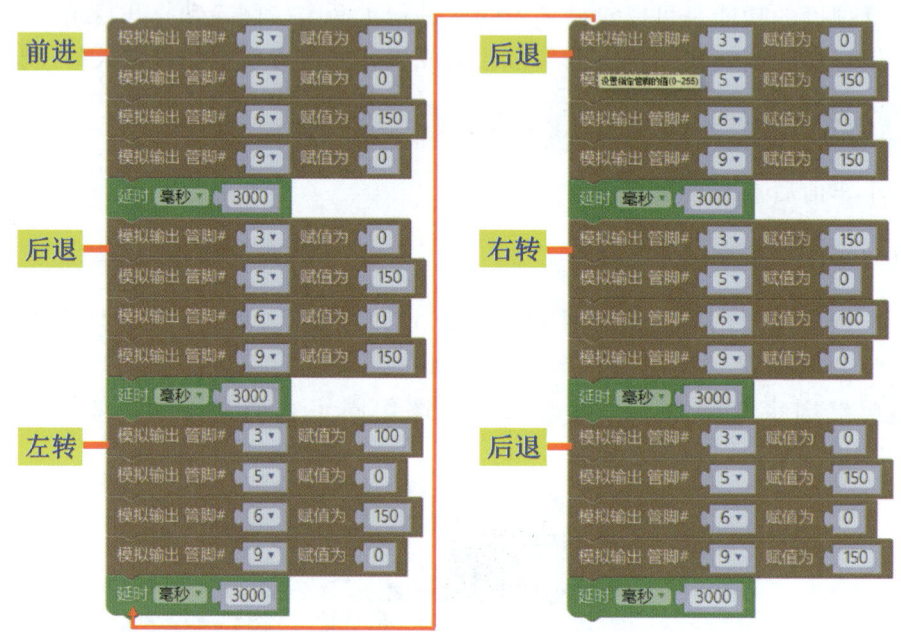

图 15-3　小车自由行程序

图中，在程序旁标明了每一段的作用，这两段程序要按箭头标示组合成完整的一段，语句一定要按此顺序运行，才能达到要求的效果。

在程序中，"后退"只是在"前进"的基础上交换了 3 号和 5 号管脚、6 号和 9 号管脚的赋值，PWM 功能就会产生与"前进"不同的电流方向，马达的运动方向就会改变，从而小车就会向后运动。

"左转"是在"前进"的基础上将 3 号管脚赋值为 100，这样控制左轮的 3 号与 5 号管脚之间的方波带宽为 100，小于控制右轮的 6 号与 9 号管脚之间的方波带宽 150，即左轮速度会小于右轮速度，小车就会向左前方运动。

"右转"的程序语句与"左转"的相反，是将 6 号管脚赋值为 100，相应的，小车就会向右前方运动。

三、编译上传

将程序上传到 UNO 板,调试好后,拔出 USB,将装上新电池的电池盒输出端插入 UNO 板的直流输入插孔。将小车放在地上,小车就会按设定的路线行驶了。

〈〈〈〈 探究学习

控制小车的程序是我们学习 Mixly 经常要用到的,可以将它导出为库,不仅方便自己使用,也可分享给他人使用。下面,我们就来建立一个小车运行的库文件。

一、编写程序

从函数模块中选择命名执行函数语句,如图 15-4 所示,拖放到程序构建区。

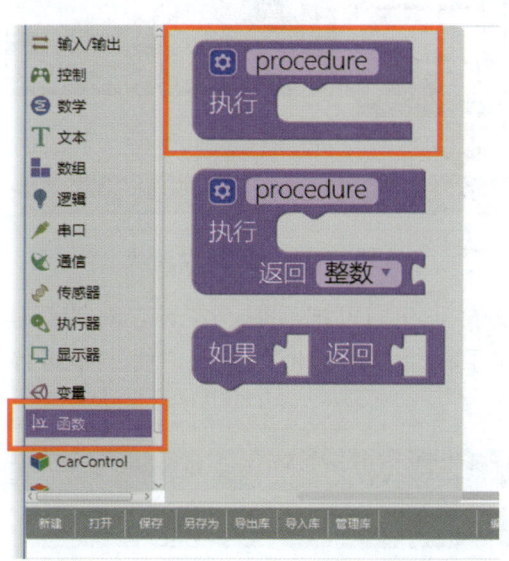

图 15-4 选择执行函数语句

将函数名称改为"zhixing",如图 15-5 所示,在执行的右边框中编写出小车直行的语句。

在"执行"块上单击鼠标右键打开快捷菜单,如图 15-6 所示,选择"折叠"块命令,就会将函数"zhixing"中的内容折叠起来。

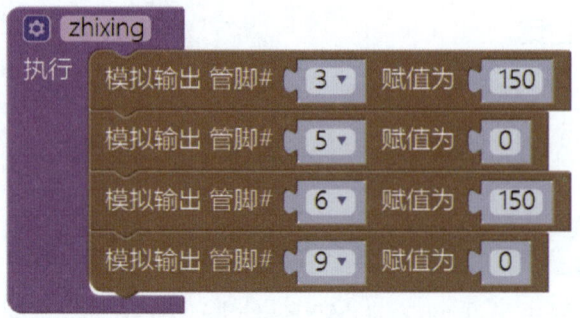

图 15-5 "zhixing"函数中的直行语句

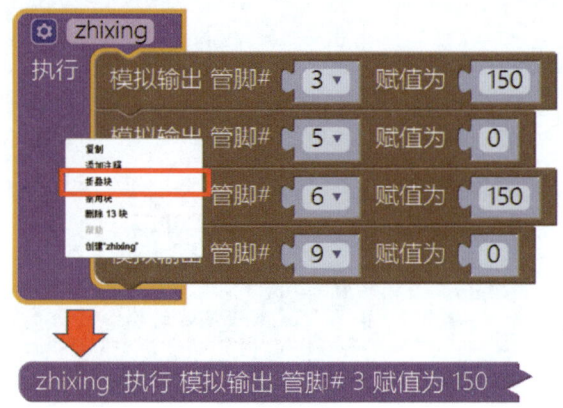

图 15-6 折叠程序块

和上面的步骤一样，我们可把后退、左转、右转都建立一个函数，如图 15-7 所示。还新建了一个"tingzhi"函数，使小车可停止，里面的 4 个管脚的值都设为 0 就行了。

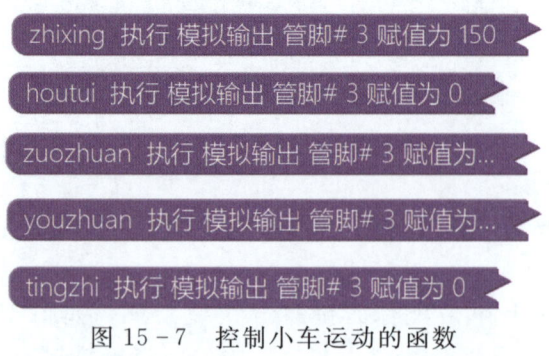

图 15-7 控制小车运动的函数

二、导出库文件

函数建好后，下面就开始建库。如图15-8所示，先将程序构建区的函数导出。选择下方菜单中的"导出库"命令，打开"导出库"窗口，选择路径，也就是将库文件保存在什么地方。我们这里保存在电脑D盘下，文件命名为"小车运动"，单击"保存"按钮。

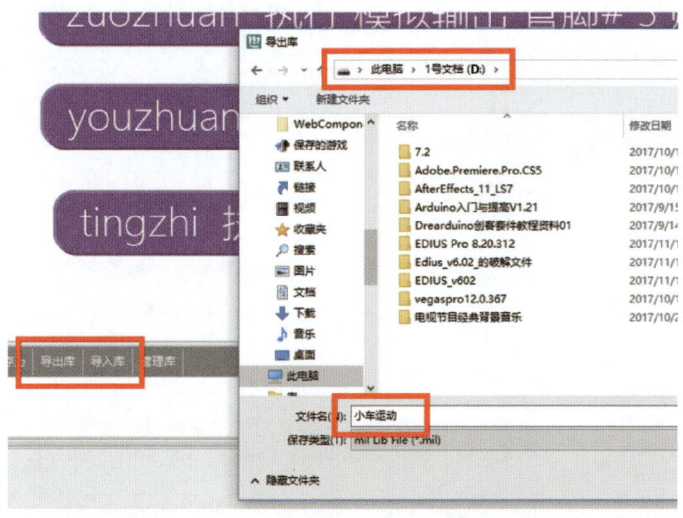

图15-8 导出"小车运动"库文件

三、应用库文件

对于已有的库文件，无论是自己编写的，还是别人开发的，应用起来都很方便。如要应用前面开发的"小车运动"库文件时，可以新建一个文件，选择下方菜单中的"导入库"命令，打开"导入库"窗口，找到库文件。单击"导入"按钮，如图15-9所示。

导入后界面会刷新，等待1～2s，便可在模块选择区见到新导入的库"小车运动"，如图15-10所示。

将"小车运动"库中的五条语句拖放到程序构建区，针对每一条语句都能展开或折叠，也可进行修改。这几条语句不能直接连接起来，还需应用相应的执行函数语句来调用。如图15-11所示，只要把库文件中的语句拖到程序构建区，就会相应地自动生成一条执行函数。

将这五条执行函数拖放到程序构建区，编组好图15-12中的程序。

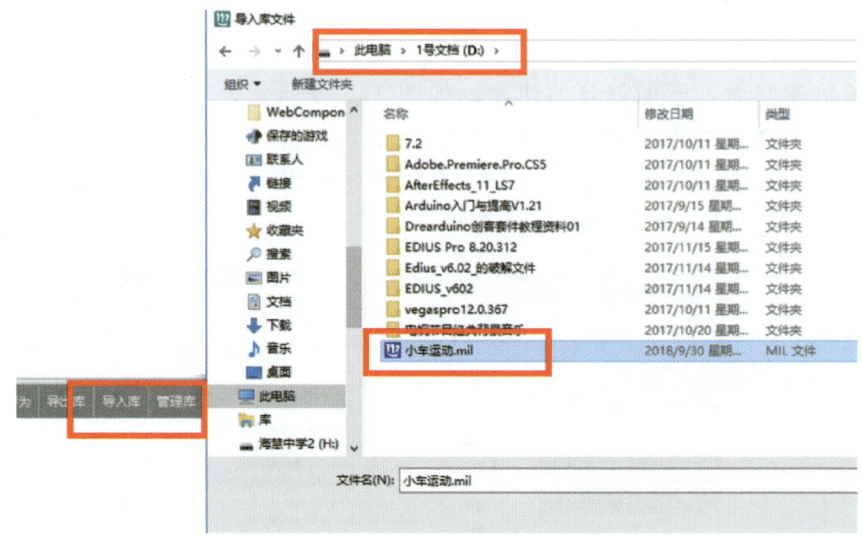

图 15-9 导入"小车运动"库文件

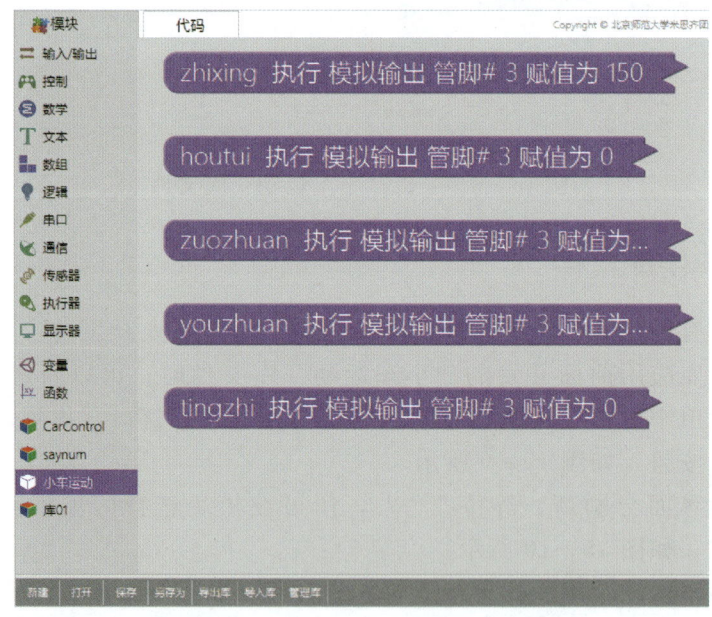

图 15-10 "小车运动"库文件中的语句

不能将右上方的折叠的任意一条语句删除，否则相应的执行函数也会自动删除。

将程序上传后，就能看到小车自由行的情景。

第十五课　小车自由行

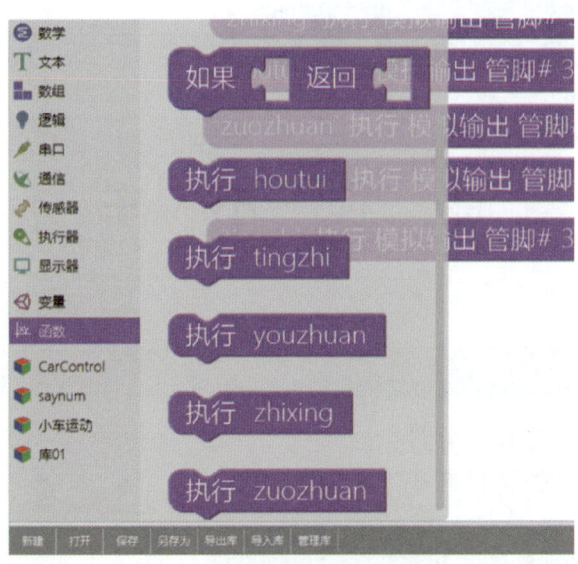

图 15-11　生成执行函数

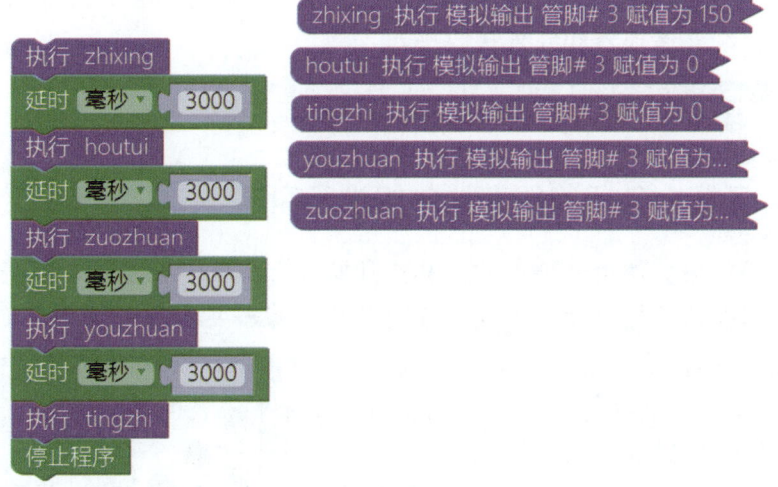

图 15-12　控制小车运动程序

拓展任务

在调试的时候，小车有时出现直行时不走直线的问题。可能与地面、轮子、马达等有关，这就需要根据实际情况来调整 4 个管脚的赋值，不断地测试。请你根据小车的运行情况，调整程序中的赋值，达到自己满意的效果。

第十六课 遥控小车

学习任务

（1）了解红外遥控器套件。
（2）学会用遥控器控制小车的行驶。

实验器材

Arduino UNO 板、L298N 电机驱动器、USB 数据线、杜邦线、2WD1622 两轮智能小车套装（含车架、车轮、电动机、电池盒等）、红外遥控器套件（红外遥控器和红外接收头）。

预备知识

一、了解红外遥控器套件的组成及原理

红外遥控器套件由红外遥控器和红外接收头组成，如图 16-1 所示。

红外遥控器其核心元器件就是编码芯片，将需要实现的操作指令事先编码。当按下遥控器上任一按键时，遥控器即产生一串脉冲编码。遥控编码脉冲对 4 万 Hz 载波进行脉冲幅度调制（PAM）后便形成遥控电信号，电信号去驱动红外发光二极管，将电信号变成光信号发射出去，发射出去的光就是红外光。

在接收端，红外接收头需要反过来通过光电二极管将红外线光信号转成电信号，经放大、整形、解调等步骤，最

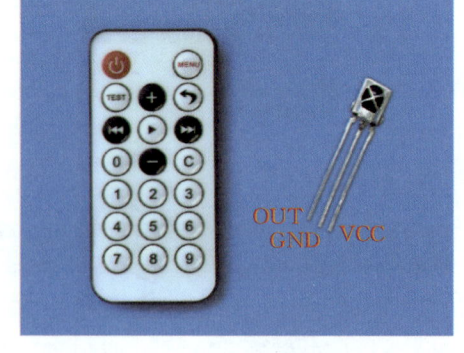

图 16-1 红外遥控器套件

后还原成原来的脉冲编码信号，完成遥控指令的传递。

红外线发射管通常的发射角度为 30°～45°，角度大距离就短，反之亦然。遥控器沿光轴上的遥控距离可以达 8.5m，偏离光轴的角度变大，遥控距离就会变短。

二、制作一分多杜邦线

原版 Arduino UNO 板上 5V 输出口只有一个，在接入多个需要供电的元件时往往不够用。可以采用最简单的办法来解决问题——制作一分多杜邦线。

我们取三根相连（联排）的公对母杜邦线，从中间将旁边两根剪断，只保留中间的一根。如图 16-2 所示，将中间线的中间位置处破皮，剥去一小段绝缘皮，保留里面的铜丝。操作要小心翼翼，以免损坏铜丝。然后将旁边的两根线也剥去一小段绝缘皮，保留铜丝，将两旁的铜丝紧紧缠绕在中间线的铜丝上（最好焊接）。

最后，用绝缘胶布把铜丝部分绑紧。制作好的一分三杜邦线如图 16-3 所示。一分多杜邦线可用于扩展 5V 和 GND 管脚。

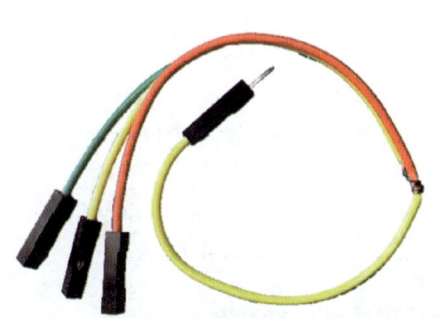
图 16-2　制作一分三杜邦线

图 16-3　完成后的一分三杜邦线

◀◀◀◀ 引导实践

获取红外遥控器发射的编码。

一、搭建硬件

本例中需要的元件有 Arduino UNO 板、红外遥控器和红外接收头，电路连线较简单，如图 16-4 所示。

图 16-4　红外遥控器组件电路连接

红外接收头 OUT 针脚接 UNO 板上 2 号管脚，VCC 针脚接 5V，GND 针脚接 UNO 板上 GND。我们要应用到遥控器上的 2 号、4 号、5 号、6 号、8 号这 5 个按键。

二、编写程序

本例的设计目标是：当分别按遥控器上的 2 号、4 号、5 号、6 号、8 号键时，通过串口监视器分别查看每个按键产生的代码。

从"通信"模块中选择红外接收判断语句拖放到程序构建区，如图 16-5 所示。

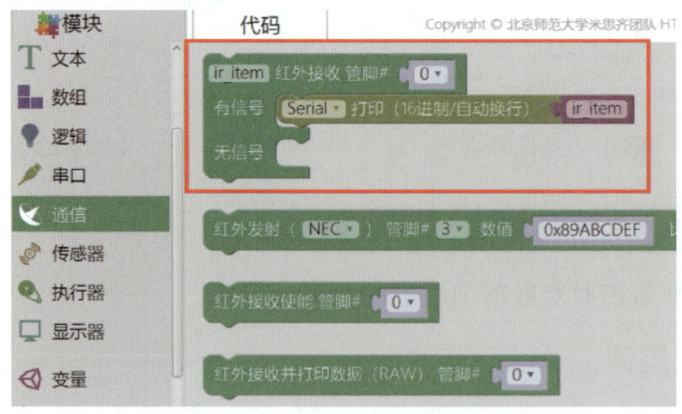

图 16-5　红外遥控控制语句

将管脚号改为 2，写好的程序如图 16-6 所示。

图 16-6　获取按键代码程序

三、编译上传

将程序上传到 UNO 板后，打开串口监视器。按遥控器上的 2 号键，如图 16-7 所示，就显示了编码"FF18E7"。接着再按 4 号、5 号、6 号、8 号键，分别显示的代码是"FF10EF""FF38C7""FF5AA5""FF4AB5"。一定要记住这些代码，因为 UNO 板接收的就是这些代码。

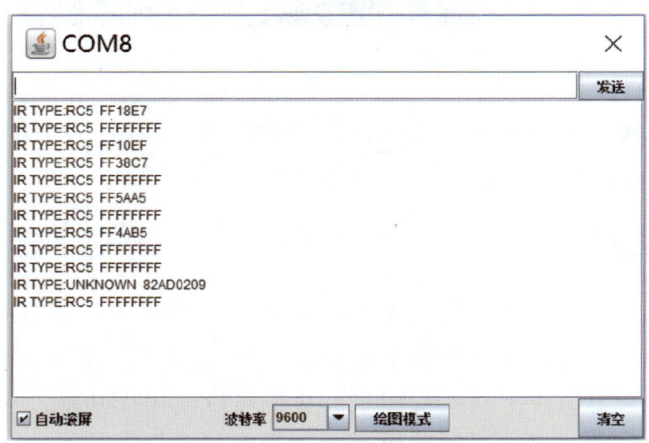

图 16-7　串口显示遥控按键代码

《《《《 探究学习

用遥控器控制小车的行驶。

一、搭建硬件

遥控小车的硬件连接很简单，只需在自由行小车的基础上加一个红外接收头，稍微改一下连线。本例中由于红外接收头也要接 5V，而 UNO 板上只有一个 5V 管脚，这就要用一分三杜邦线来扩展。如图 16-8 所示，将一分三扩展线接在 5V 管脚上，就会扩展出三个 5V 输出端，其中一根（黄色）直接与红外接收头 5V 输入端相接，另一根（橙色）与 L298N 电机驱动器"12V 输入端"相连。

图 16-8　红外接收头接入小车上的 UNO 板

用公对母线将红外接收头上 GND 针脚接 UNO 板上 GND 管脚，OUT 针脚接 UNO 板上 2 号管脚。

二、编写程序

本例要达到的目标是：当按遥控器上的 2 号键时，小车直行；按 4 号键时，小车左转；按 5 号键时，小车停止；按 6 号键时，小车右转；按 8 号键时，小车后退。为了快速地编写程序，我们可以使用库功能。

（1）构建程序结构。先从模块中将"小车运动"库中的五条控制语句拖放到程序构建区，从"通信"模块中选择红外接收判断语句也拖放到程序构建区，将接收管脚改为 2，最后在"有信号"右方拖放五个条件判断语句构建出程序结构如图 16-9 所示。

（2）编写条件判断和执行语句。图 16-10 为编写好的完整程序。

五条条件判断语句相似，就是判断按的 2 号、4 号、5 号、6 号、8 号中的哪个键。键的代码就是前面获取的在遥控器上按每个数字时串口显示的代码，在其前面加上了"0x"，因为这些编码是 16 进制的，所以一定要加"0x"，这样才能正常读取。五条执行语句是从"函数"模块中分别拖出来放

图 16-9　红外遥控控制小车运动的程序结构

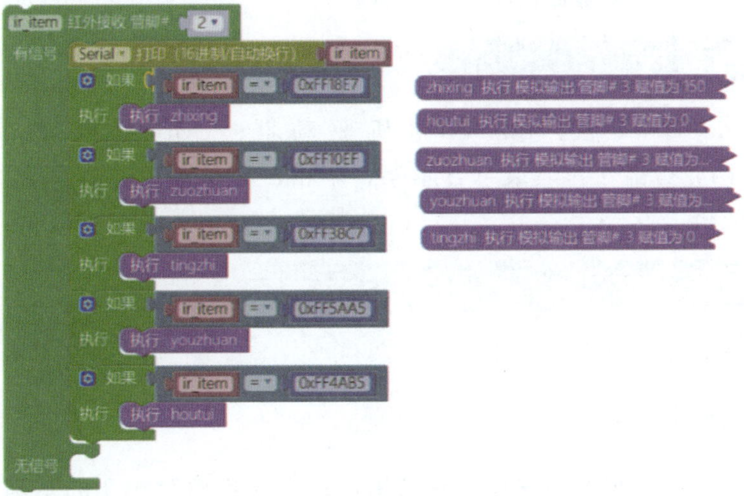

图 16-10　编写好的红外遥控控制小车运动程序

在相对应的执行框中的。

将程序上传后，给小车接上电池盒，放到地上，就能用遥控器来控制小车的运动。

拓展任务

遥控器在日常生活中应用很广泛，如电视、空调等，原理都和上面的遥控小车一样。请你用红外遥控器套件做一个能遥控开关的 LED 灯。

第十七课

避 障 小 车

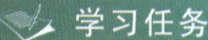 学习任务

（1）会制作超声波避障小车。

（2）学习多个传感器的综合应用。

实验器材

Arduino UNO 板、L298N 电机驱动器、USB 数据线、杜邦线、2WD1622 两轮智能小车套装（含车架、车轮、电动机、电池盒等）、超声波传感器、舵机。

引导实践

用超声波传感器做避障小车。

一、搭建硬件

超声波避障小车的硬件连接较简单，只需在自由行小车的基础上加一个超声波传感器，稍微改一下连线。由于超声波传感器也要接 5V，而 UNO 板上只有一个 5V 管脚，这就要用一分三杜邦线来扩展。连线方法如图 17-1 所示。

用一分三杜邦线扩展出的 5V 一根接超声波传感器 VCC 针脚，另一根与 L298N 电机驱动器的"12V 输入端"相连。超声波传感器 GND 针脚接 UNO 板上 GND 管脚。Trig 针脚是信号发射端，接 UNO 板上 8 号管脚。Echo 针脚是信号接收端，接 UNO 板上 7 号管脚。

将超声波传感器放在小车底盘上面，卡在底盘槽中，双头水平朝前。连接好的实物如图 17-2 所示。

第十七课　避障小车

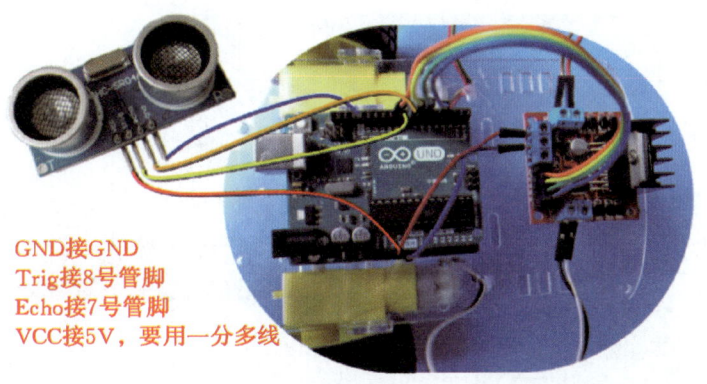

GND接GND
Trig接8号管脚
Echo接7号管脚
VCC接5V，要用一分多线

图17-1　超声波传感器与UNO板的电路连接

图17-2　连接好超声波传感器的小车

二、编写程序

本例的设计目标是：若前面无障碍，小车直行；若在小于或等于15cm处遇到障碍物，就后退一段距离，改变方向，向右前方行驶。

为了快速地编写程序，我们要应用到库功能。先从模块中将"小车运动"库中的zhixing、houtui、youzhuan三条控制语句拖放到程序构建区。相应的，从"函数"模块中将对应的执行语句也要拖到程序构建区。

编写好的完整程序如图17-3所示。

程序中声明了变量item，用来表示超声波传感器测量的适时距离值。程序结构为并列的两个条件判断语句，条件为逻辑比较，就是与超声波传感器测量的距离进行比较，是大于15cm，还是小于或等于15cm，满足哪个条件就执行相应的语句。在条件满足小于或等于15cm时，小车后退3s后再右

图 17-3 超声波避障小车程序

转，要注意，这里只延时 1s，作用就是使小车改变方向后就会循环到程序第一句，即沿此方向直行。

三、编译上传

将程序编译上传到 UNO 板后，接上电池盒，测试小车的避障功能能否实现，避障距离可根据实际情况调整。

探究学习

用舵机和超声波传感器做扫描避障小车。

上面的避障小车中超声波传感器是固定的，只能探测前方小范围内是否有障碍物，旁边的障碍物不能探测到。为了解决这个问题，可以把超声波传感器和舵机组合使用，在小车前行的过程中，超声波传感器在前方 180°范围内不停地转动扫描，探测是否有障碍物，从而做出判断。

一、搭建硬件

在上面例子的基础上，需要加一个舵机。如图17-4所示，舵机的红线接 UNO 板上的 5V 管脚，也就是要接在一分三杜邦线扩展出来的管脚上；黑线接 UNO 板上的 GND 管脚；黄线接 UNO 板上的 10 号管脚。

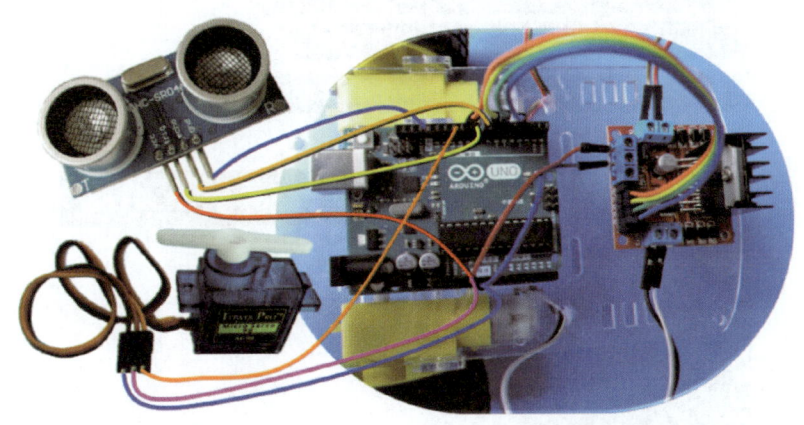

图 17-4　舵机与 UNO 板的电路连接

线连好后，还要将超声波传感器和舵机固定好。如图17-5所示，我们在小车底盘前面安装了一个螺钉，将舵机紧紧绑在上面，超声波传感器绑在舵角上。

图 17-5　固定超声波传感器和舵机

二、编写程序

程序的编写较简单，可以在上面的超声波避障小车程序的基础上进行简单的添加就可完成。编写好的程序如图 17-6 所示。

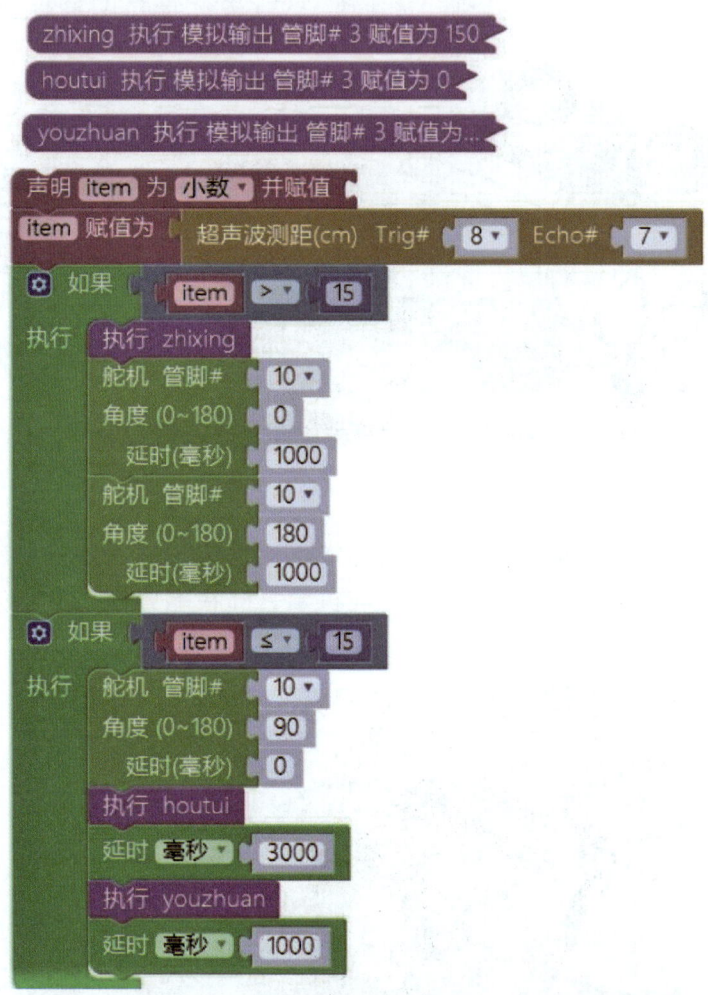

图 17-6　扫描避障小车程序

在距离大于 15cm 时的执行语句中添加了舵机在 0°～180°来回转动的语句；在距离小于或等于 15cm 时的执行语句中添加了使舵机停在中间、超声波传感器面向正前方的位置。

将程序上传后，接上电池盒，放到地上，就能看到扫描避障小车的运动情景。

<<<< 拓展任务

　　本例中的两个程序都应用了条件语句,并且应用的是并列的两条,因为这样好理解一些。其实这个程序可以进行简化,只用一条条件判断语句就行了,请你试试看,将上面的程序进行修改,但要达到同一目的。

第十八课

循迹小车

学习任务

（1）认识灰度传感器。
（2）学会用灰度传感器做出循迹小车。

实验器材

Arduino UNO 板、L298N 电机驱动器、USB 数据线、杜邦线、2WD1622 两轮智能小车套装（含车架、车轮、电动机、电池盒等）、灰度传感器。

预备知识

认识灰度传感器。

循迹小车要用到图 18-1 中的灰度传感器。它的工作原理是：灰度传感器有一只发光二极管和一只光敏电阻，安装在同一面上，在有效的检测距离内，发光二极管发出白光，照射在检测面上，检测面反射部分光线，光敏电阻检测此光线的强度并将其转换为 Arduino 可以识别的信号。

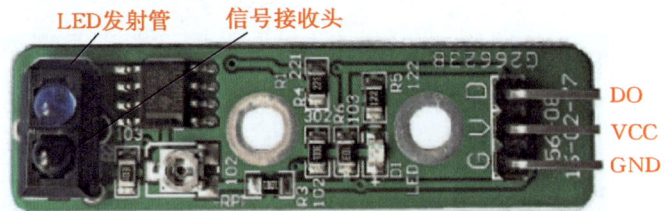

图 18-1 灰度传感器

灰度传感器有的输出数字信号、有的输出模拟信号，可以根据需要选择。循迹小车上一般用输出数字信号的灰度传感器，DO 信号输出端应与 UNO 板上的数字管脚相连。

◀◀◀◀ 引导实践

测试灰度传感器。

一、搭建硬件

灰度传感器连接较简单,连线方法如图 18-2 所示,先将传感器上的 GND 针脚接 Arduino UNO 板上的 GND 管脚,再将 VCC 针脚接 UNO 板上 5V 管脚,最后将信号输出针脚 DO 接 UNO 板上的 10 号管脚。

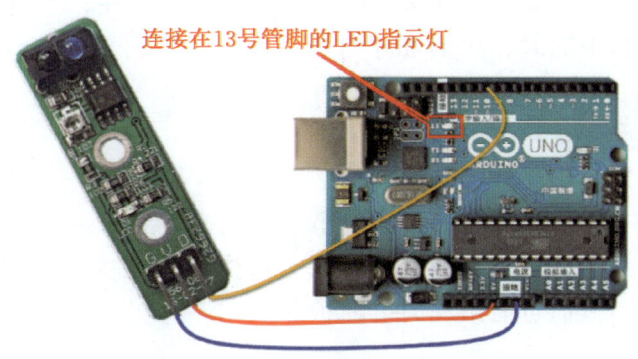

图 18-2 灰度传感器电路连接

本例要测试一下灰度传感器对黑白两种颜色的反应,拟用连接在 13 号管脚的 LED 指示灯的亮、灭来判断,所以不需另外接 LED。

二、编写程序

本例的设计目标是:如图 18-3 所示,白纸上贴宽度为 1.8cm 黑色绝缘胶带,操作灰度传感器离纸面 3cm 左右探头向下,在黑色和白色区域之间移动,13 号管脚的 LED 灯要有不同的亮灭反应。

编写的程序很简单,如图 18-4 所示。

三、编译上传

将程序编译上传到 UNO 板后,可观察

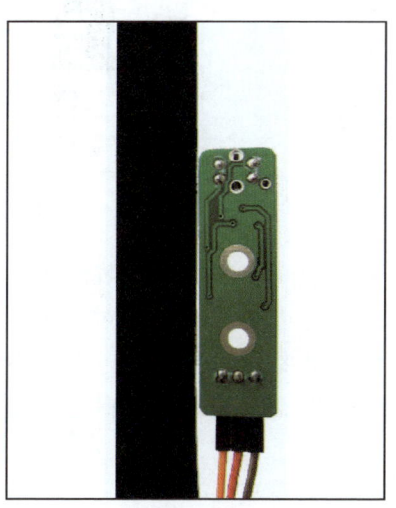

图 18-3 灰度传感器测试场景

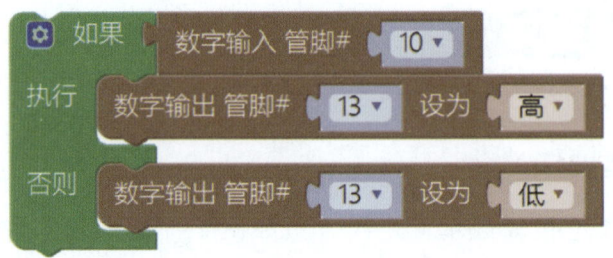

图 18-4　灰度传感器测试程序

到，当灰度传感器移到黑色区域上面时，LED 指示灯亮；当灰度传感器移到两旁的白色区域上面时，LED 指示灯灭。

❮❮❮❮ 探究学习

用灰度传感器做循迹小车。

本例要做一个沿黑色直线行驶的小车。至少需要两个灰度传感器，传感器之间要间隔一定的距离，约 2cm，刚好将黑色轨迹线夹在中间。图 18-5 为小车沿直线行驶时可能出现的三种状态。

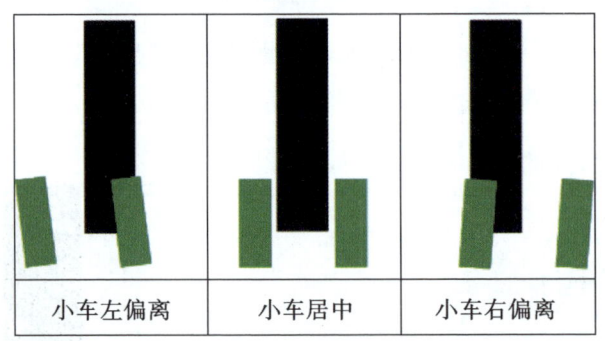

图 18-5　循迹小车可能出现的三种状态

中间的图中两个灰度传感器检测到的都是白色，表示小车正常行驶；左图中左边的灰度传感器检测到的是白色，右边的灰度传感器检测到的是黑色，需要程序来修正；右图中左边的灰度传感器检测到的是黑色，右边的灰度传感器检测到的是白色，也需要程序来修正。

一、搭建硬件

关于小车的硬件连接，这里只讲灰度传感器的连接，其他的与小车自由行的一样。

连线时,我们把左边的灰度传感器的 DO 针脚接 UNO 板的 10 号管脚,右边的灰度传感器的 DO 针脚接 UNO 板的 11 号管脚。图 18-6 为连线示意图,5V 管脚要用一分三线扩展,分别接两个灰度传感器和 L298N 电机驱动器,UNO 板上刚好有三个 GND 管脚,不需要扩展。

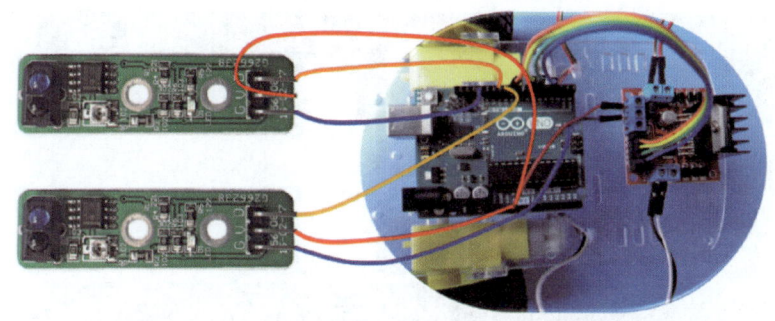

图 18-6　灰度传感器与 UNO 板的电路连接

线接好后要把灰度传感器位置摆好,它们之间相距 2cm 左右,用胶带或螺丝固定。将灰度传感器用胶带固定在小车前端,如图 18-7 所示。

图 18-7　固定灰度传感器

二、编写程序

根据前面灰度传感器测试情况,当在黑色线上时,13 号 LED 指示灯亮,表明输出的是高电平;当在白色区域时,13 号 LED 指示灯不亮,表明输出的是低电平。

编写程序的思路是,当两个灰度传感器连接的管脚输出的都是低电平时,执行直行语句;当 10 号管脚低电平、11 号管脚高电平时,执行右转语句;当 10 号管脚高电平、11 号管脚低电平时,执行左转语句。编写好的程序如图 18-8 所示。

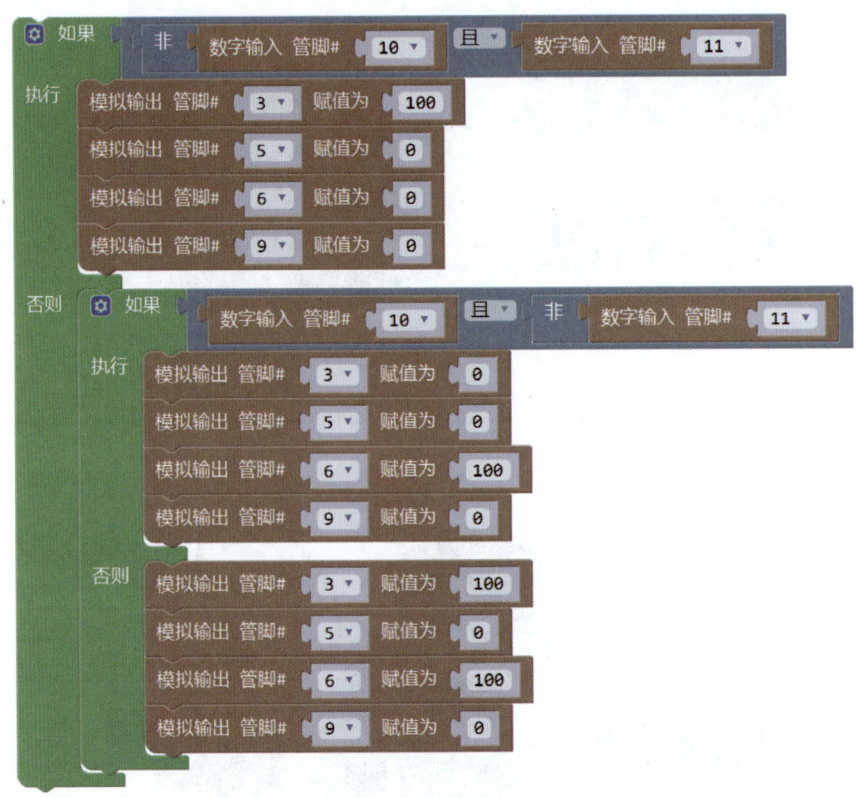

图 18-8　循迹小车程序

这个程序没有采用"小车运动"库文件,因为里面的小车行驶速度设置的较快,在这里参数要调整。如在程序中,最上面执行右转的语句将 3 号管脚的值设为 100,5 号管脚的值设为 0,它们控制的左轮会向前运动,而控制右轮的 6 号和 9 号管脚都是 0,不会运动,于是小车就会右转。程序中间执行左转的语句与此类似。程序最下面是直行语句,就是在两个条件都不满足时执行,左轮和右轮向前运动。

将程序上传后,由于摩擦、电机、电源等问题,可能不会一次就循迹成功。要根据小车运动情况,对参数进行适当的调整。

◀◀◀◀ 拓展任务

图 18-9 为 S 形轨迹，请你应用本节编写的程序，进行参数调整使小车能沿这个 S 形曲线行驶。一定要注意，转弯时应转大弯。

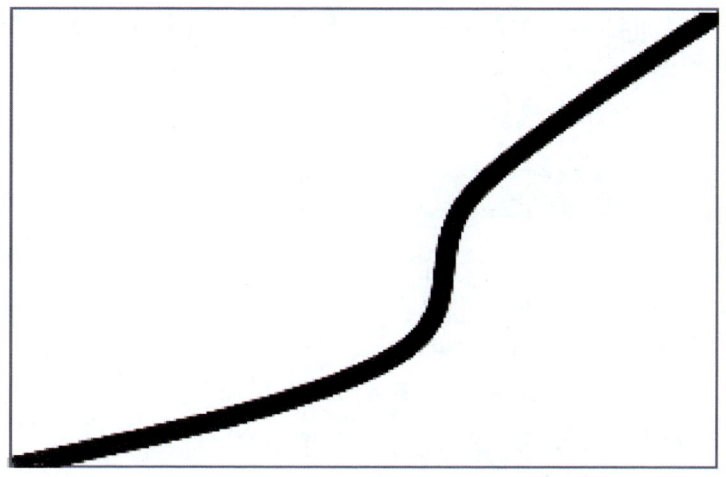

图 18-9 S 形曲线路径

第十九课

跨平台：蓝牙控制 LED

学习任务

（1）了解 BT06 蓝牙透传模块。
（2）学会用 APP Inventor 编程。
（3）会使用安卓手机通过蓝牙控制 LED 亮和灭。

实验器材

Arduino UNO 板、BT06 蓝牙透传模块、红色 LED、300Ω 电阻 1 个、公母线若干、面包板、USB 转串口模块。

预备知识

认识 BT06 蓝牙透传模块。

蓝牙是一种无线数据传输标准，如图 19-1 所示的 BT06 蓝牙透传模块是专为智能无线数据传输而打造的元件，支持在 Arduino UNO 板上进行无线数据传输。

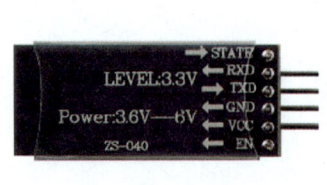

图 19-1 BT06 蓝牙透传模块

BT06 蓝牙透传模块可以简单地理解为一个无线的串口，它有两个数据针脚，一个叫 RXD（接收），一个叫做 TXD（发送）。在 Arduino UNO 板和手机的双向通信中，蓝牙就像是一条无形的串口线，一端连着手机，一端连接 UNO 板。手机发送的数据通过蓝牙被 UNO 板的 RXD 接收，从而可以控制其他元件的反馈，反向同理。

BT06 蓝牙透传模块与 Arduino UNO 板的连接方法如图 19-2 所示，模块上的 VCC 针脚接 UNO 板上 5V 管脚，GND 针脚接 UNO 板上的 GND 管脚。模块上的 RXD 与 TXD 针脚不能对应地接 UNO 板上的 RXD 与 TXD 管脚，应交换位置，即模块上的 RXD 针脚与 UNO 板上的 TXD 管脚连接，模块上的 TXD 针脚与 UNO 板上的 RXD 管脚连接。这是因为 UNO 板上的 TXD 是发送端，只能与蓝牙上的接收端 RXD 相连，才能传送数据，反之亦然。

图 19-2　BT06 蓝牙透传模块电路连接

BT06 蓝牙透传模块与 Arduino UNO 板连接好后，用 USB 线与电脑连接，可观察到蓝牙上的红色指示灯在闪烁，表示没有设备（手机）与其连接。我们打开手机蓝牙功能可搜索到模块发射到的信号，配对密码一般是 1234。配对后可看到蓝牙上的红色指示灯停止闪烁。

引导实践

用蓝牙控制 LED 亮和灭。

一、搭建硬件

电路连接如图 19-3 所示。LED 灯的正极与 UNO 板 12 号数字管脚相接，负极串接电阻后接 UNO 板 GND 管脚。蓝牙上的 RXD 与 UNO 板上的 TXD 管脚连接，TXD 与 UNO 板上的 RXD 管脚连接，GND 接 UNO 板上 GND，VCC 接 UNO 板上 5V。

图 19-3　蓝牙控制 LED 的电路连接

二、编写程序

本例是用手机通过蓝牙来控制 LED 灯，所以要编写两个不同用处的程序，一个是用 APP Inventor 编写的手机用程序，并生成 APP，只能用于安卓系列手机一个是用 Mixly 编写的用于 UNO 板的程序。

（一）在 APP Inventor 中编写程序

APP Inventor 是一种能用浏览器在线设计安卓 APP，然后打包为 apk 安装包并下载到手机的一种所见即所得的开发平台。平台是通过拖拽组件和逻辑块,实现积木式拖曳编程来完成 APP 制作,让没有任何编程经验的人也可以开发安卓 APP。

目前国内唯一的 APP Inventor 官方服务器是由麻省理工学院(MIT)联合广州市教育信息中心、华南理工大学计算机科学与工程学院部署,平台网址为 http://app.gzjkw.net。

在没有网络环境时也可下载离线版 App Inventor 软件来制作 APP。

我们来在线开发 APP。

1. APP Inventor 界面简介

在浏览器中打开 http://app.gzjkw.net,如图 19-4 所示,可用 QQ 登录。

图 19-4　APP Inventor 登录界面

进入后,打开的软件界面如图 19-5 所示,如果你以前用过 APP Inventor 在线开发过 APP,则会自动保存在云上,每次打开 APP Inventor 时,"我的项目"会首先显示。

单击"新建项目"按钮,会弹出给项目命名的窗口,如图 19-6 所示。

给项目命名"lanya"后,就会显示如图 19-7 所示的新建文件"组件设计"视图。

你的第一步操作是在"组件设计"视图中完成的,"组件设计"视图也被称为"组件设计器"。有些组件功能单一,例如标签,它仅用于在屏幕上

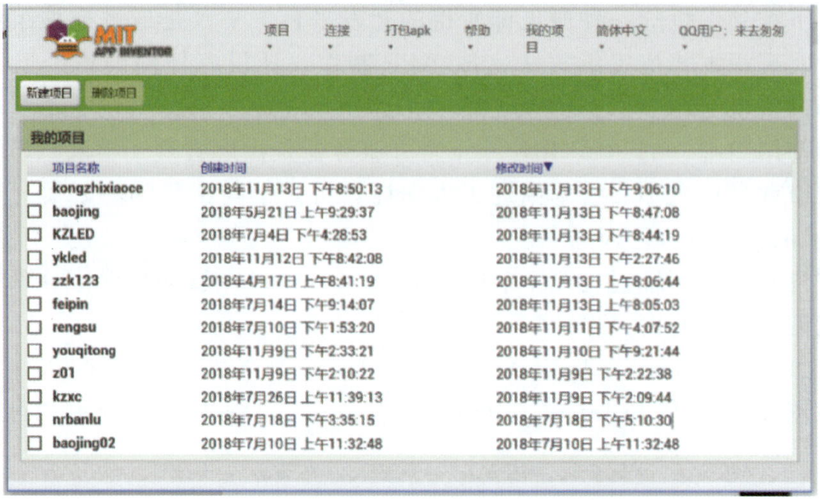

图 19-5　APP Inventor 中显示"我的项目"

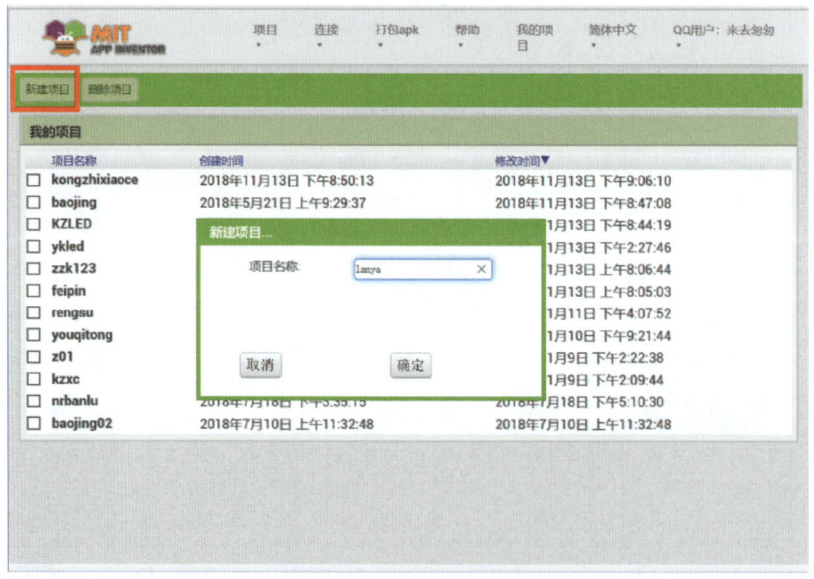

图 19-6　新建项目名称

显示文字；再例如按钮，单击按钮将引发一个活动。有些组件功能复杂，例如画布组件，它可以容纳静态图片或动画；又如加速度传感器组件，它具有运动感知能力，可以侦测到设备的移动或摇晃；还有一些组件可以编写并发送短信、播放音乐、视频或者进行无线通信。

第十九课　跨平台：蓝牙控制 LED　　113

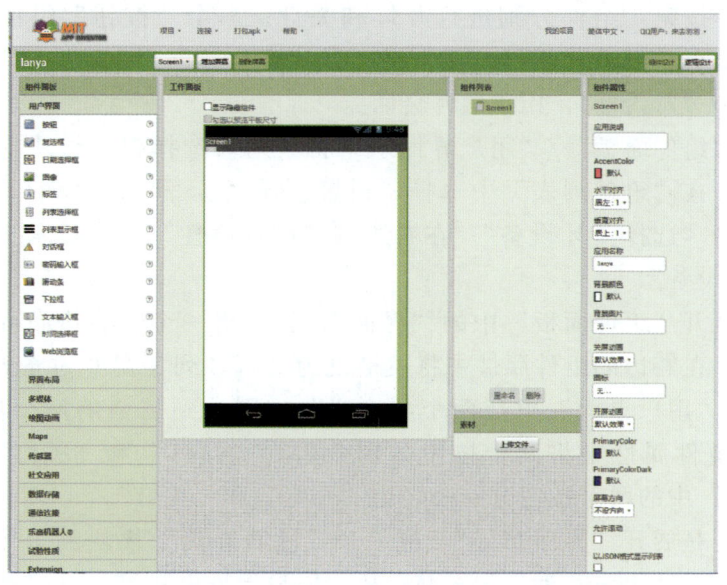

图 19-7　APP Inventor 的"组件设计"视图

"组件设计"视图被划分为如下几个区域：

中部的白色区域被称为工作区域，用于放置应用中的所有组件（可视组件与非可视组件）。工作区域的中央是用户界面的预览窗口，对应于设备的屏幕，你可以根据自己的需要来安排用户界面上的可视组件。如果想看到应用的实际外观，需要用安卓设备或模拟器进行测试。

工作区域的左侧是组件面板，其中列出了可供选择的所有组件。组件按类别分为九个组。默认情况下，只有用户界面类组件处于可见状态，其他组件隐藏在各自的类别名称下，点击类别名称，可以显示该类别的组件。

紧邻工作区域右侧的是组件列表，显示了项目中的所有组件，拖动到工作区域中的所有组件都将显示在该列表中。此时，该项目中只有一个组件：Screen1，它代表设备的屏幕。

组件列表下方是素材区，显示项目中的所有素材资源（图片和声音等）。

最右边的部分是属性面板，用于显示组件的属性。在工作区域或组件列表中单击某个组件，将在属性面板中看到该组件的全部属性，属性描述了组件的详细信息，可以在属性面板中修改组件的属性。当前显示的是屏幕（名为 Screen1）的属性，包括背景颜色、背景图片及标题等。

2. 设计组件

本例我们要应用 4 个可视化组件。一个"列表选择框"用来选择配对蓝牙；两个"按钮"组件分别进行开灯和关灯；一个"按钮"组件来退出蓝牙。应用2个非可视化组件，一个是"蓝牙客户端"，用于与蓝牙模块交换数据；一个"对话框"，用于适时会话。

先从"组件面板"/"用户界面"中将"列表选择框"模块拖放到中部工作区域；在"组件列表"中选择"列表选择框"，利用下面的重命名按钮将其改名为"选择蓝牙设备"；在右边的"组件属性"中将显示文本也改为"选择蓝牙设备"。

然后展开"组件面板"中的"界面布局"，拖一个"表格布局"模块到工作区域，在右边的组件属性中将表格设为1行2列、宽度为充满。从"组件面板"/"用户界面"中拖两个"按钮"分别放到表格的两个单元格中，在右边的组件属性中将两个按钮分别命名为"开灯"和"关灯"。也要将"组件列表"中的两个按钮分别改名为"开灯"和"关灯"。

接着还是展开"界面布局"，拖一个"垂直布局"模块到工作区域，在右边的组件属性中将宽度设为充满。从"用户界面"中拖一个"按钮"放到"垂直布局"单元格中，在右边的组件属性中将按钮命名为"退出蓝牙"。也要将"组件列表"中的按钮改名为"退出蓝牙"。

最后从"界面布局"中拖一个"对话框"模块到工作区域；从"通信连接"中拖一个"蓝牙客户端"模块到工作区域。这两个都是非可视组件。

布好局的界面如图19-8所示。

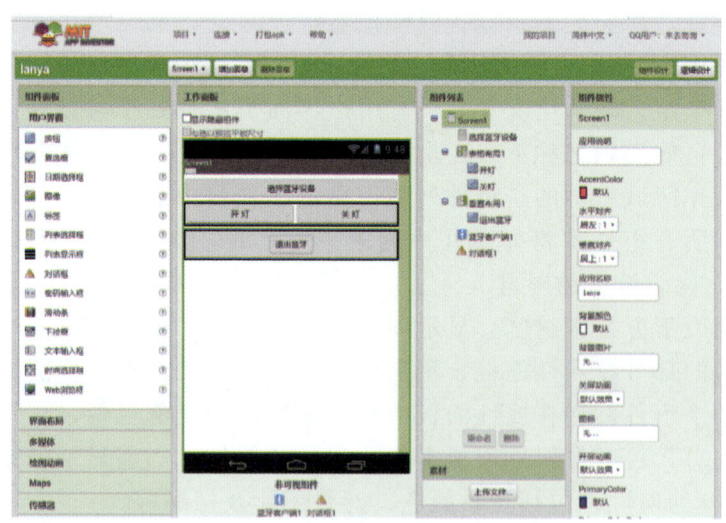

图19-8 布好局的界面

3. 编写程序

单击程序窗口右上方的"逻辑设计"按钮，进入程序设计界面如图19-9所示。整个界面由两部分组成，左边为模块区，可单击每个模块打开相应的程序块，选择所需程序块拖放到右边的工作面板来编写程序。工作面板上有显示警告和垃圾箱等帮助编写。

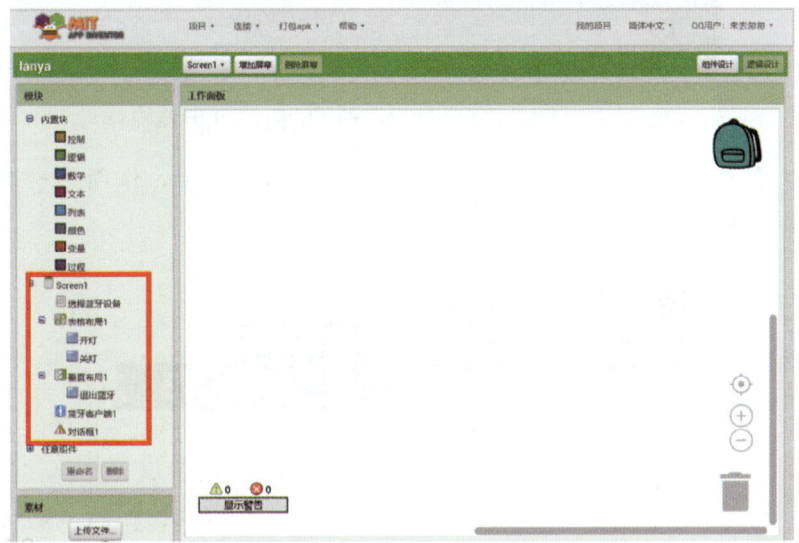

图19-9　APP Inventor的"逻辑设计"视图

从图中可以看到自己设计的组件都在模块区下方，下面我们要给这些组件分别写程序。要给谁写程序就在模块中单击它，然后将选择的命令块拖放到工作区进行组合。

（1）给"选择蓝牙设备"组件写程序。程序由两个程序块组成，第一个程序块如图19-10所示，作用是使手机能选择收到蓝牙信息的模块并与其进行无线连接。

图19-10　手机选择收到蓝牙信息的模块并连接的程序

第二个程序块如图19-11所示。作用是设置蓝牙模块连接或没连接时选择和退出按钮的可用性。

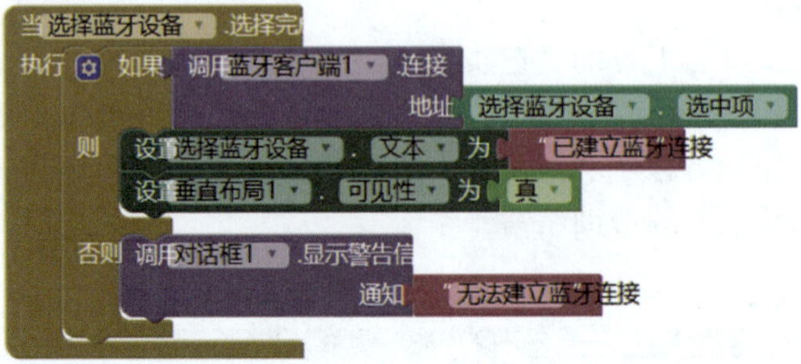

图 19-11　设置连接或没连接时按钮的可用性程序

（2）给"开灯"组件写程序。程序如图 19-12 所示，作用是给蓝牙发送一个文本信息。

图 19-12　开灯时给蓝牙发送文本信息

（3）给"关灯"组件写程序。程序如图 19-13 所示，作用也是给蓝牙发送一个文本信息。

图 19-13　关灯时给蓝牙发送文本信息

（4）给"退出蓝牙"组件写程序。程序如图 19-14 所示，作用是退出蓝牙并设置蓝牙没连接时选择和退出按钮的可用性。

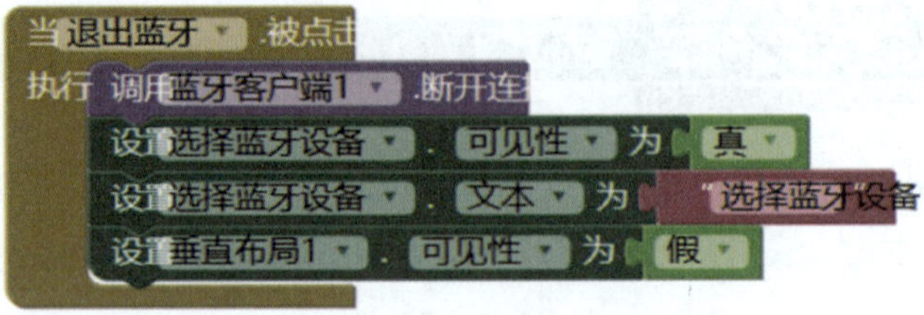

图 19-14　"退出蓝牙"组件程序

编写好的完整程序如图 19-15 所示,我们从下方的显示警告可看到程序设计没有错误。

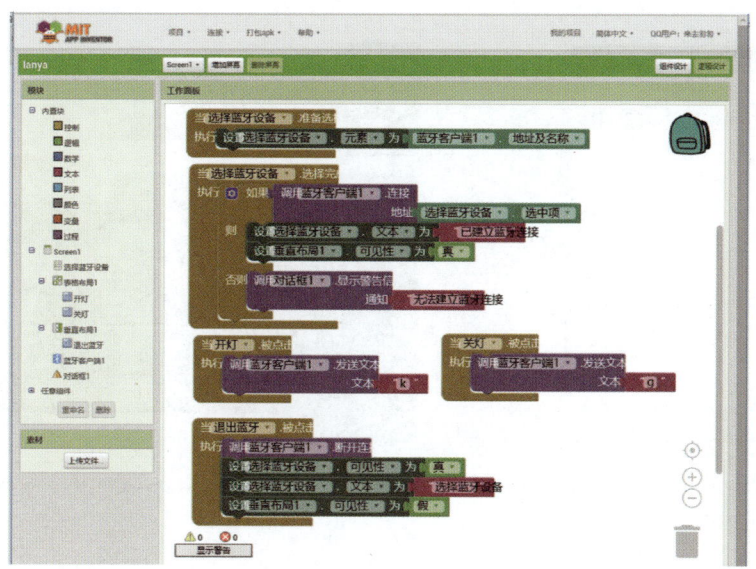

图 19-15　手机通过蓝牙控制 LED 灯的程序

程序编写好后,如图 19-16 所示,可以在线打包成 apk 文件,并下载到电脑或用安卓系列手机扫描直接下载安装。

图 19-16　程序打包成 apk 文件

在手机上安装后并打开的 APP 如图 19-17 所示。

(二) 在 Mixly 中编写 UNO 板用程序

蓝牙是通过串口与 UNO 板通信的,当蓝牙接收到手机发送的数据后,会通过串口将数据发送给 UNO 板，经过分析数据后，做出不同的反应。完整的程序如图 19-18 所示。

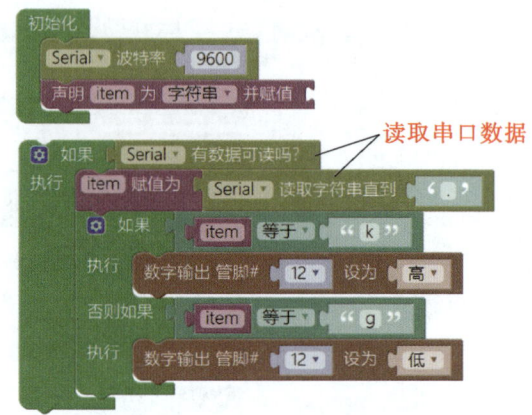

图 19-17　手机安装 apk 文件后　　　图 19-18　在 Mixly 中编写的 UNO 板用程序

三、上传调试

一定要注意，上传程序时，蓝牙不能与 UNO 板连接，上传完后再连接。打开手机蓝牙可搜索到此蓝牙的信号，如图 19-19 所示。

然后进行配对连接，如图 19-20 所示，一般密码为 1234。连接成功后，蓝牙模块上的指示灯会常亮。

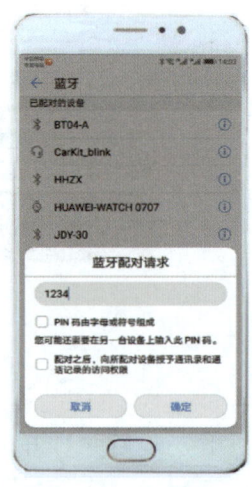

图 19-19　手机搜索到的蓝牙信号　　　图 19-20　蓝牙配对连接

调试成功后,如图 19-21 所示,就能用手机控制 LED 灯的亮和灭了。

图 19-21　手机控制 LED 灯

探究学习

给蓝牙改名和重新设置密码。

若同时使用多个相同规格的蓝牙模块,可能就会造成连接混乱,所以使用蓝牙模块前最好先给它改名和重新设置密码。我们可以使用 AT 指令来设置蓝牙模块的一些参数。

对本课中的 BT06 蓝牙透传模块,我们可应用主芯片为 CP2102 的 USB 转串口模块来对其进行 AT 操作,更改蓝牙名称和密码。图 19-22 为 USB 转串口模块与 BT06 蓝牙透传模块的连接方式。GND、VCC 对应连接,TXD、RXD 相互交叉连接。

图 19-22　USB 转串口模块与 BT06 蓝牙透传模块的电路连接

使用前要下载 CP2102 芯片驱动程序和串口调试助手并安装在电脑上。

CP2102 芯片驱动程序安装好后，将连接好的 USB 转串口模块和蓝牙接在电脑上，可观察到蓝牙模块上的指示灯在闪烁，从"设备管理器"中查看其串口号。然后运行串口调试助手，如图 19-23 所示。

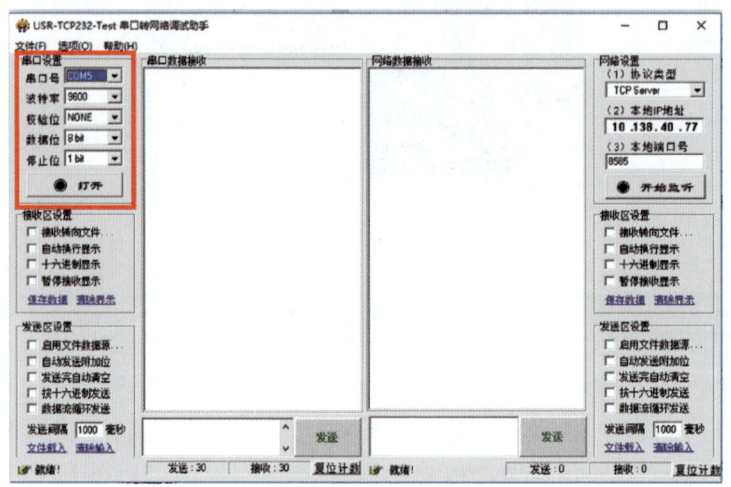

图 19-23　设置串口调试助手

选择前面查到的串口号，其他参数不改，单击"打开"按钮，会变为"关闭"按钮，若成功则蓝牙模块上的指示灯会常亮。如图 19-24 所示，在下方的发送区输入"at"后，直接按回车键，再单击"发送"按钮，则命令

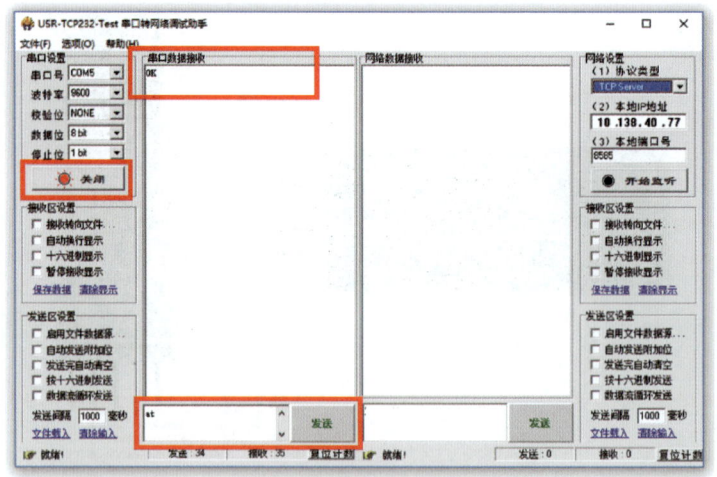

图 19-24　对蓝牙进行 AT 调试

会发送到蓝牙，再从串口返回到电脑为"OK"，则表明可以对蓝牙进行 AT 了。

如给蓝牙命名用 AT＋NAME＝ck，则新名称为"ck"；给蓝牙设置密码用 AT＋PIN＝1234，则新密码为"1234"。

经常要用到的 AT 指令见表 19－1。

表 19－1　　　　　　　　　常 用 AT 指 令

命　　令	作　　用
AT＋NAME	查询、设置蓝牙名称
AT＋ROLE	查询、返回查看模式为 0 从模式
AT＋CMODE	查询、设置连接模式 1 为任意地址连接模式
AT＋PIN	查询、设置配对密码
AT＋DEFAULT	恢复出厂设置
AT＋LADDR	设置、查询 MAC 地址
AT＋RESET	复位
AT＋START	开始工作指令

拓展任务

通过蓝牙不仅能接收数据，也能发送数据。前面已经做过温控风扇，学过本节内容后，还可以做到将适时温度发送到手机上，当温度达到一定值时，自己用手机来控制风扇的转动与停止。试试看，相信你一定能完成。

第二十课

跨平台：OLED 显示汉字和变量

学习任务

（1）认识 IIC 12864OLED 液晶屏模块。
（2）会使用字模软件生成汉字字模数据。
（3）会使用 IIC OLED 液晶屏显示汉字和变量。

实验器材

Arduino UNO 板、USB 数据线、IIC 12864OLED 液晶屏模块、超声波传感器、面包板、杜邦线。

预备知识

认识 IIC 12864OLED 液晶屏模块。

OLED 又称为有机发光二极管，相比传统的 LCD，OLED 具备更快的响应速度和更轻薄的体积优势，屏幕厚度小于 1mm，仅为 LCD 屏幕的 1/3 左右。并且功耗低，抗震性好，广泛应用于移动设备的显示应用上。

如图 20-1 所示的 IIC 12864OLED 显示屏是无需背景光源、自发光式的显示模块。模块采用蓝色背景，显示尺寸为 0.96 英寸，采用 OLED 专用驱动芯片 SSD1306 控制。

IIC 12864OLED 液晶屏模块支持通过 I2C 接口与控制器通信。显示屏背部接线管脚分别为 GND、VCC、SCL、SDA，分别接 Arduino UNO 板上的 GND、5V、SCL、SDA 管脚。

对于显示模块我们要考虑的主要是在哪里显示、显示什么。相对于 1602 液晶模块，OLED 只不过显示内容更加丰富一点，但是思路基本相同。要知道在哪里显示，就需要先知道哪些地方可能显示。IIC 12864OLED 模块的分

图 20-1　IIC 12864OLED 液晶屏

辨率是 128×64，也就是说一共能显示 128×64 这么多个"点"，通过这些点的亮和灭，就能实现显示任意形状的效果，如字符、汉字、图片。为了达到显示目的，我们一般要借助"字模工具"来实现。如要显示中文，可以使用汉字字模生成软件 PCtoLCD2002 把中文字转换成点阵，实现在没有中文字库的程序中显示中文。

◀◀◀◀ 引导实践

在 IIC 12864OLED 液晶屏上显示"中国梦"。

一、搭建硬件

直接用公母杜邦线将 IIC 12864OLED 液晶屏背后的 GND、VCC、SCL、SDA 管脚，分别接在 Arduino UNO 板上的 GND、5V、SCL、SDA 管脚。电路连接如图 20-2 所示。

二、编写程序

1. 导入支持 IIC 12864OLED 液晶屏显示的库文件

现阶段 Mixly 的显示器模块中没有 IIC 12864OLED 液晶屏的控制语句，但因为 Mixly 是开源软件，所以有许多爱好者开发了一些库文件，使 Mixly 的功能越来越强大，支持的硬件越来越多。我们可以在网上搜索到支持 IIC 12864OLED 液晶屏的库文件，如 17Maker。下面，我们就来导入这个库，使 Mixly 能控制 IIC 12864OLED 液晶屏。

首先从网上搜索下载 17Maker。单击 Mixly 菜单中的"导入库"命令，将 17Maker 导入库中。如图 20-3 所示，就会在模块区出现 17Maker 模块。

图 20-2　IIC 12864OLED
液晶屏电路连接

图 20-3　17Maker
已导入库

如图 20-4 所示，再顺序展开"17Maker"/"显示"/"OLED"，就可看到控制 OLED 的语句。

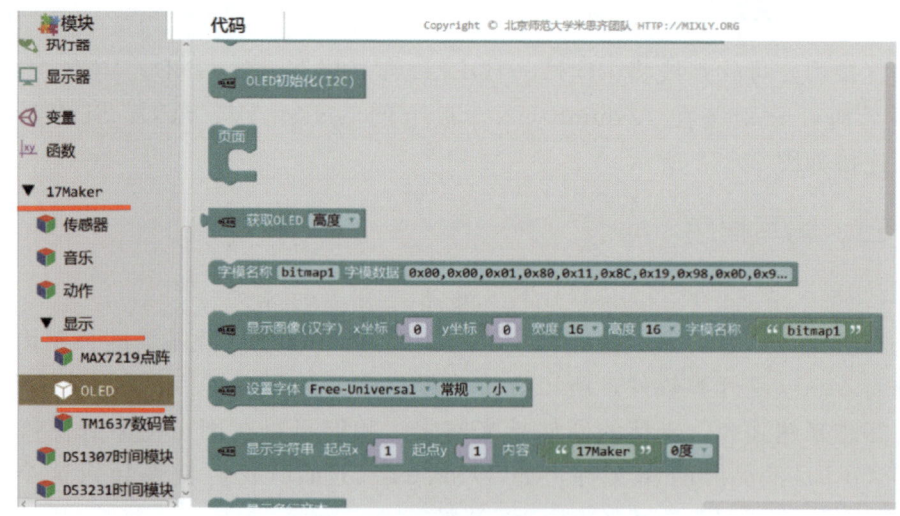

图 20-4　控制 OLED 的语句

从语句中选取模块，组合成如图 20-5 所示的程序。
第一行是对 OLED 液晶屏初始化。

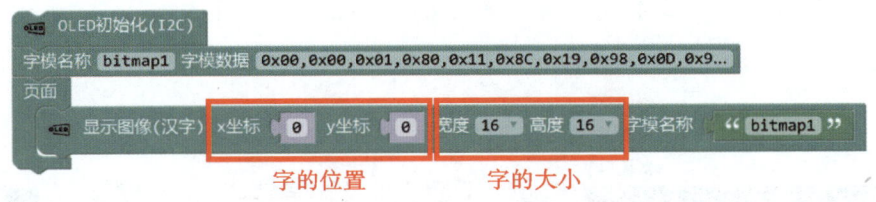

图 20-5 OLED 汉字显示程序

第二行是给每个要显示的汉字字模命名并存放字模数据。

第三行为控制页面显示位置、字的大小、内容。IIC 12864OLED 液晶屏的分辨率为 128×64，是以左上角顶点为坐标（0，0）点，横轴为 X 轴，则最右端为（128，0）点；纵轴为 Y 轴，则左边最下端为（0，64）点。字的大小要与字模中字的大小一致。字的名称也要与设定的一致。

2. 生成字模数据

每个汉字的字模数据是用专门的字模软件来获取的。如图 20-6 所示为从网上下载的汉字专用字模生成软件 PCtoLCD2002 主界面。

图 20-6 PCtoLCD2002 主界面

用 PCtoLCD2002 生成字模数据的方法如图 20-7 所示。

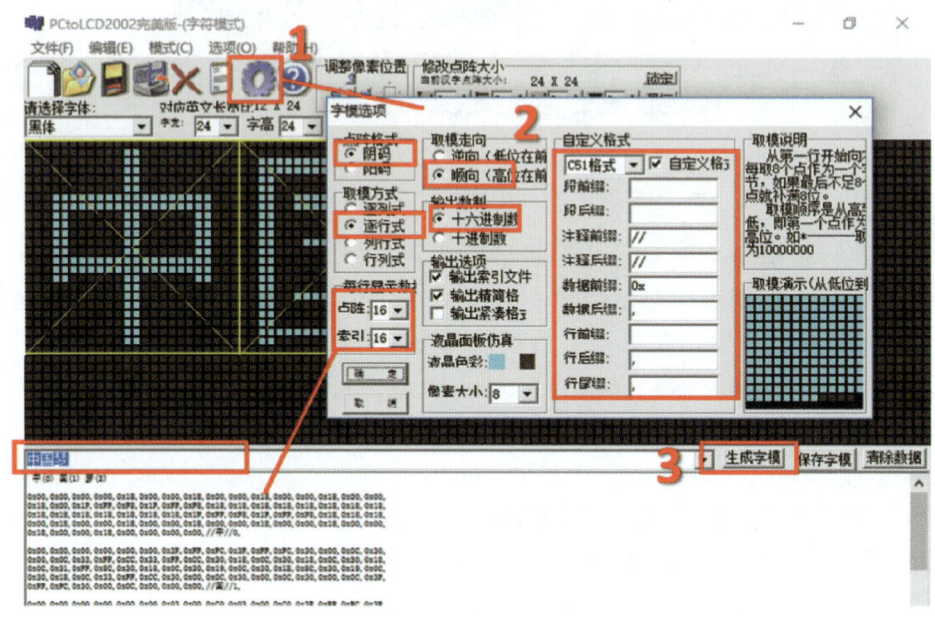

图 20-7　用 PCtoLCD2002 生成字模数据

第一步如图用"设置"按钮打开设置窗口；第二步要按图中标示准确设置，否则可能 Mixly 不支持在 IIC 12864OLED 液晶屏中正确显示；第三步就是在汉字输入框中要显示的汉字"中国梦"，则在上面的点阵区显示点阵状"中国梦"，单击右下方的"生成字模"按钮，就会在下面分别生成这 3 个字的字模数据。

可以将这些字模数据复制，然后粘贴到一文本文档中，如图 20-8 中所示，图中阴影部分为汉字"中"的字模数据。

3．程序搭建

编写好的程序如图 20-9 所示。字模"z""g""m"中的字模数据分别是图 20-8 中"中""国""梦"三字的数据（不包括注释部分）。

三、编译上传

将写好的程序进行编译、上传。当提示上传成功后，可在 OLED 液晶屏上看到如图 20-10 所示的效果。

第二十课 跨平台：OLED 显示汉字和变量

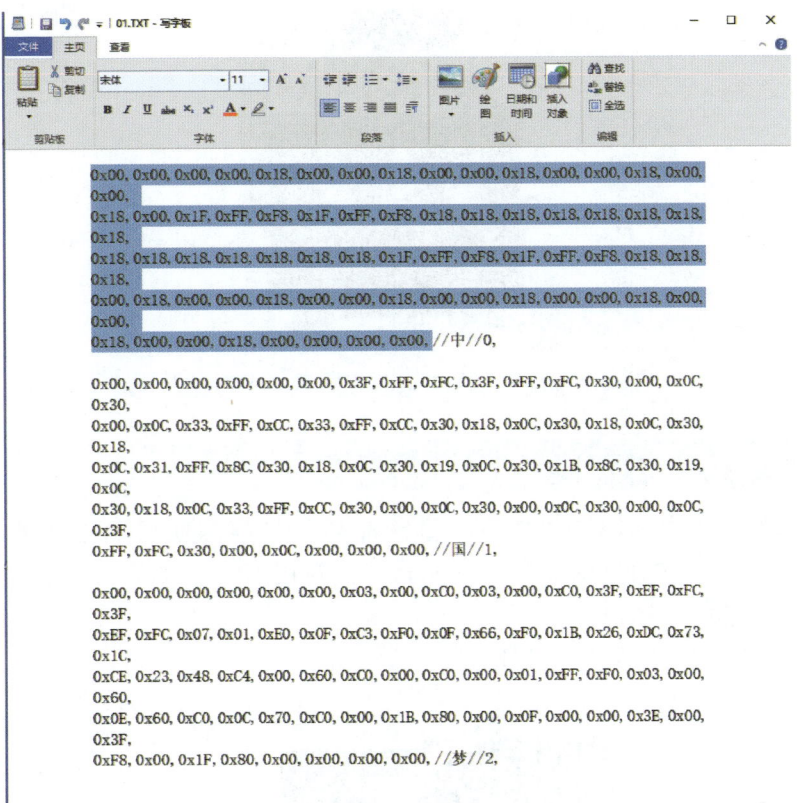

图 20-8　复制出字模数据

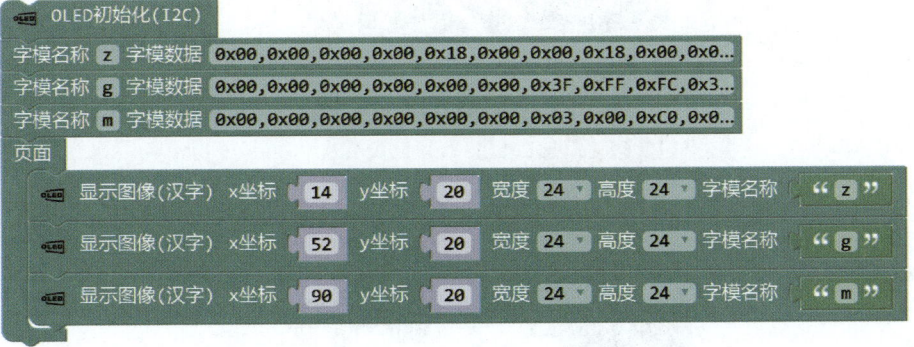

图 20-9　在 OLED 上显示"中国梦"的程序

图 20-10　在 OLED 上显示"中国梦"

探究学习

上面的例子中，IIC 12864OLED 液晶屏只是静态地显示了汉字，其实，还可以用它来动态地显示变量。下面，我们就用 IIC 12864OLED 液晶屏适时显示超声波感知的距离。

需要的器材和电路连接如图 20-11 所示。

图 20-11　OLED 适时显示超声波感知距离的电路连接

连接时，将 5V 和 GND 扩展到面包板上，超声波 Trig 接 2 号数字管脚，Echo 接 3 号数字管脚，VCC、GND 接在面包板上扩展的"＋""－"极上。用杜邦线将 IIC 12864OLED 液晶屏 SCL、SDA 端，对应接在 Arduino UNO 板上的 SCL、SDA 管脚，VCC、GND 接在面包板上扩展的"＋""－"极上。

编写程序前，先要设计好需要在 IIC 12864OLED 液晶屏上显示的内容及位置。根据 OLED 液晶屏特点，拟进行两行显示，在第一行显示"距离："；第二行右端显示"cm"，前面作为距离动态显示区。

"距离："需用 PCtoLCD2002 生成字模数据，在程序中要用到。

在编写程序时，考虑到 IIC 12864OLED 液晶屏显示的距离是一个动态变化的物理量，所以首先要声明一个变量来表示超声波测的距离。从"变量"模块中选取 声明 item 为 整数 并赋值 ，拖曳到程序构建区，并将其改名为"dist"，属性改为"小数"。即 声明 dist 为 小数 并赋值 。

图 20-12 为编写好的程序。

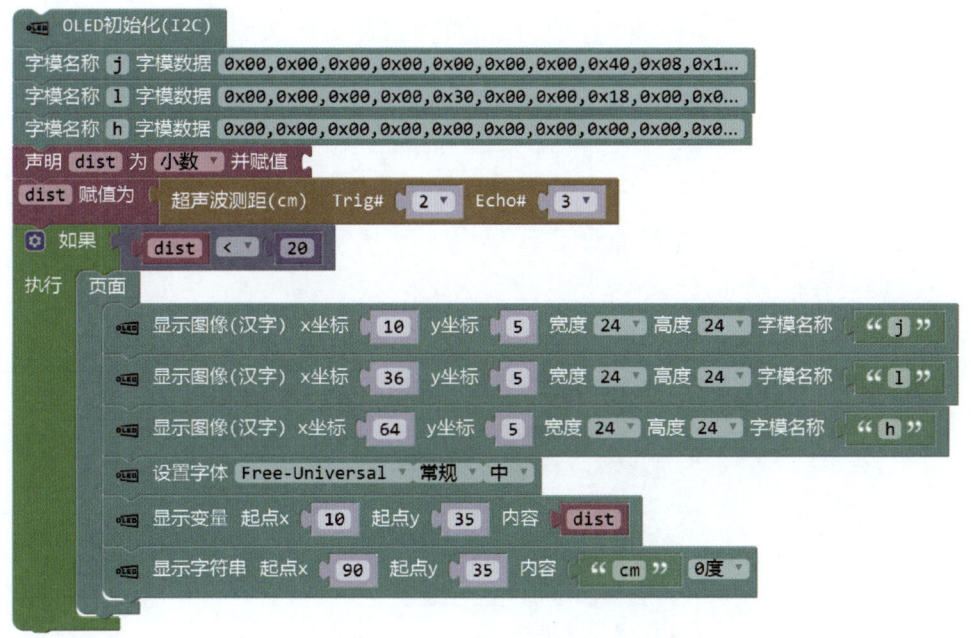

图 20-12　OLED 适时显示超声波感知距离的程序

上传成功后，当障碍物在超声波传感器 20cm 以内时，显示适时的距离如图 20-13 所示。

图 20-13　OLED 适时显示超声波感知距离

拓展任务

本节课学习的 IIC 12864OLED 液晶屏不仅能显示文字,还能够显示图形和图片,请在本节测距显示的效果中加一个适当的图形。

第二十一课

创意作品《校车人数监控装置》（一）

学习任务

（1）体验创意作品的设计过程。
（2）学习用创意作品解决实际问题的方法。

实验器材

Arduino UNO 板、超声波传感器、舵机、IIC LCD1602 液晶显示器、红色 LED、绿色 LED、300Ω 电阻 2 个、蜂鸣器、公母线若干。

引导实践

一、设计思路

校车是送学生上学的专车，有时乘车的学生很多、很挤，不安全。我们来设计一个智能校车人数监控装置，当人上满了时就自动关门，做到不超载。

本例要达到的具体功能是：空车时车门是打开的并且绿灯亮，LCD 显示屏显示可上人数（我们设定的人数是 5 个），表示可上人；当上一人时，会有提示音，LCD 显示屏显示的人数同步减少；当满员时，声音会提示报警，红灯闪烁，LCD 显示屏显示为 0 后再变为满员显示，车门关闭。

我们可应用 Arduino UNO 板和一些电子元件来制作这个校车人数监控装置。如利用超声波传感器感应上车的人数，用舵机控制门的开关，用蜂鸣器进行声音报警，用 IIC LCD1602 液晶显示器显示人数，用 LED 灯显示是否有座位。

二、搭建硬件

本例中应用到的元件较多，对 5V 和 GND 采用一分多线进行扩展，电路连接方法如图 21-1 所示。

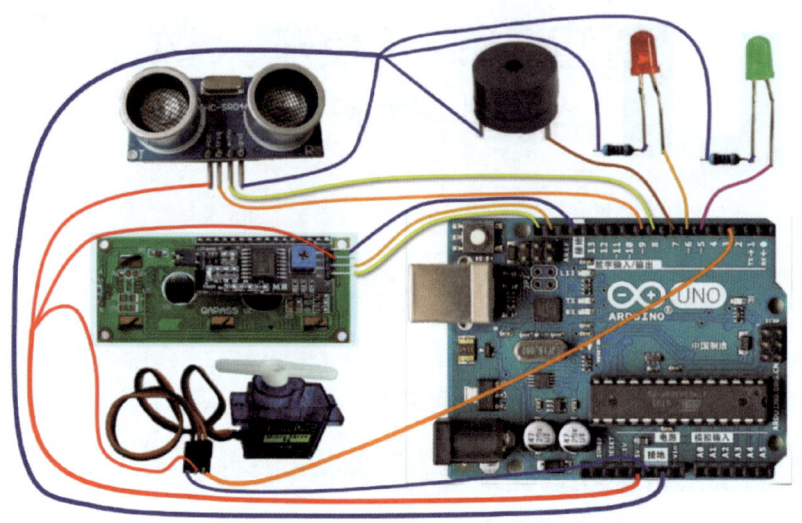

图 21-1　校车人数监控装置电路连接

从图中可以看出，绿色 LED、红色 LED 正极分别连接 5 号、6 号数字管脚，负极与电阻串联后接扩展 GND 口；蜂鸣器一端接 7 号数字管脚，另一端接扩展 GND 口；超声波传感器 Trig、Echo 针脚分别接 9 号、8 号数字管脚，VCC、GND 分别接扩展出的 5V、GND；IIC LCD1602 液晶显示器 SDA、SCL 针脚分别接 UNO 板上的 SDA、SCL 管脚，VCC 接扩展出的 5V，GND 接 UNO 板上的 GND 管脚；舵机信号管脚接 3 号数字管脚，VCC 接扩展出的 5V，GND 接 UNO 板上的 GND 管脚。

三、程序设计

由于用到的元件较多，所以本例的程序较复杂，图 21-2 为完整的程序。我们一起来分析每一部分的作用（标有序号）。

第 1 部分为初始化，语句从上至下的作用是使蜂鸣器静音、舵机舵角停在 90 度（车门打开）、绿色 LED 亮、IIC LCD1602 液晶显示器初始化。

第 2 部分为声明变量，变量 item 用来记录超声波测的距离，变量 js 用来统计上车人数，变量 pd1 和 pd2 用来构建后面的条件语句。

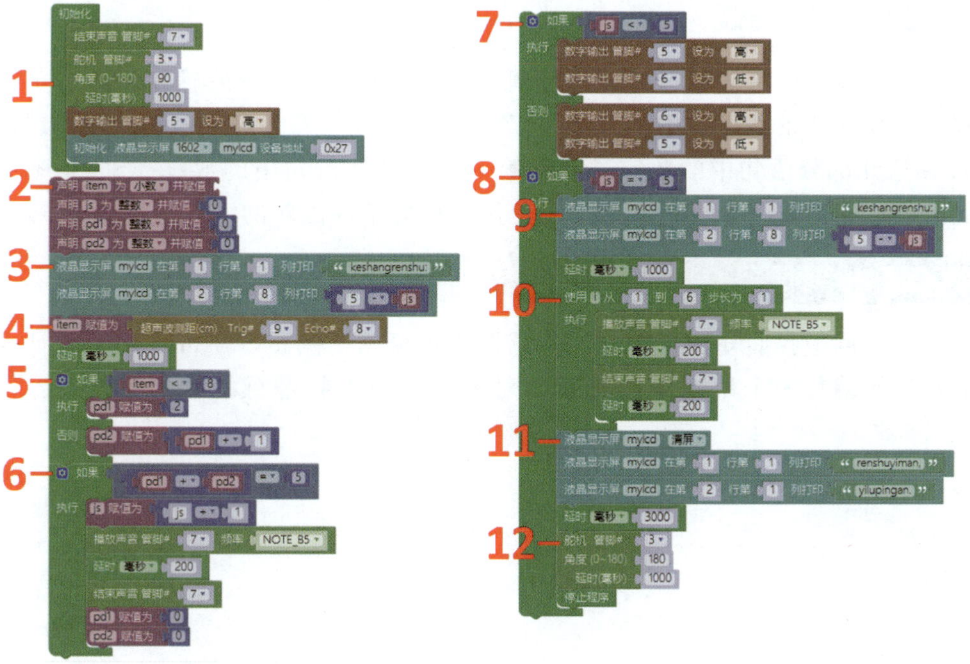

图 21-2　校车人数监控装置程序

第 3 部分设置 IIC LCD1602 液晶显示器显示的数据，其中第一行显示静态的"keshangrenshu:"（可上人数），第二行动态显示可上车人数。

第 4 部分为获取超声波测的距离。

第 5、6 部分作为一个整体，应用算法解决了用单个超声波传感器来进行人数统计的问题。

第 7 部分控制两个 LED 灯的亮或灭，当能上人时，绿色 LED 亮，红色 LED 灭；当不能上人时，绿色 LED 灭，红色 LED 亮。

第 8～12 部分为当车满座后各元件的反应。其中第 9 部分设置 IIC LCD1602 液晶显示器显示的数据，其中第一行显示静态的"keshangrenshu:"（可上人数），第二行动态显示可上车人数为 0；第 10 部分设置报警声连续响 6 次后停止；第 11 部分设置 IIC LCD1602 液晶显示器显示的数据，其中第一行显示静态的"renshuyiman"（人数已满），第二行显示静态的"yilupingan"（一路平安）；第 12 部分语句是使舵机舵角转到 180°（关门）后整个程序停止运行。

四、程序调试

程序写完后可上传运行，进行调试修改。要调整超声波感知距离可更改程序第 5 部分条件语句中的数字"8"；要调整可上人数可更改程序第 3、7、8、9 这几部分语句中的数字"5"。第 6 部分条件语句中的数字"5"是不能更改的，它不是用来统计人数的，是用来构建条件语句的。

拓展任务

从本例中我们知道了超声波传感器不仅可用于测距，还可以用于统计人数，你能编写一个用超声波传感器对公园进园人数进行统计的程序吗？试试看。

第二十二课

创意作品《校车人数监控装置》（二）

学习任务

（1）制作出配置人数监控装置的校车模型。
（2）学习结构造型的方法。

实验器材

Arduino UNO 板、超声波传感器、舵机、IIC LCD1602 液晶显示器、红色 LED、绿色 LED、300Ω 电阻 2 个、蜂鸣器、公母线若干、结构件材料及工具。

引导实践

程序调试达到设计要求后，就可进行创意作品的结构造型，将元件固定到合适的地方，做出实物模型，展示达到设计要求的效果。图 22-1 是校车

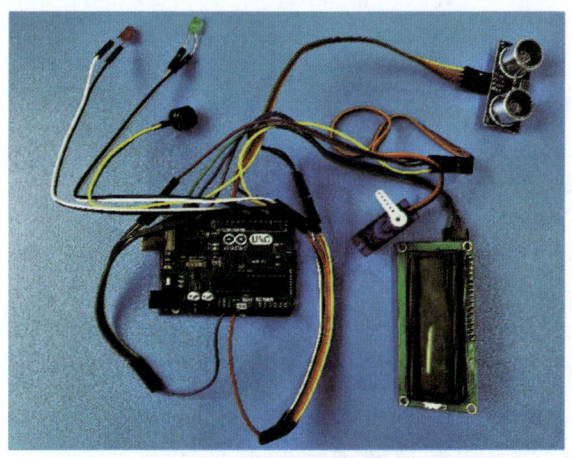

图 22-1　校车人数监控装置实物连接

人数监控装置连好线的实物，我们要用适当的材料做一个校车模型将元件安装好，并能进行演示。

制作校车模型的步骤如下。

一、设计外形

可参考现实生活中的校车外形，也可创新设计其他形状的，但一定要符合科学、美学的常识。图 22-2 是我们设计的校车外形。

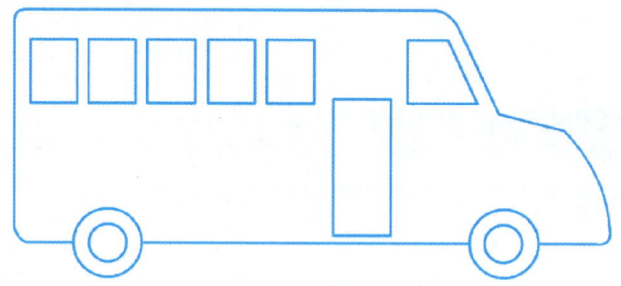

图 22-2　校车外形

二、确定模块

由多少个模块组成，每一个的大小（长、宽、高等），怎么连接等都要考虑到。图 22-3 为车体基本结构，总体上由六面组成。

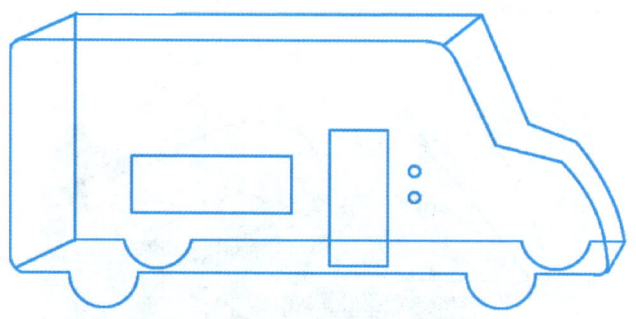

图 22-3　车体基本结构

我们把能显示、运动的元件（IIC LCD1602 液晶显示器、LED、舵机）都集中在右边车体，所以这边较复杂。图 22-4 是详细的图纸，标出了各部分长度数据。其中 7cm×2.5cm 框专门放置 IIC LCD1602 液晶显示器；6cm×2.5cm 为车门；门上内侧放置舵机控制门的开关；门右边的两个洞放置 LED 灯。

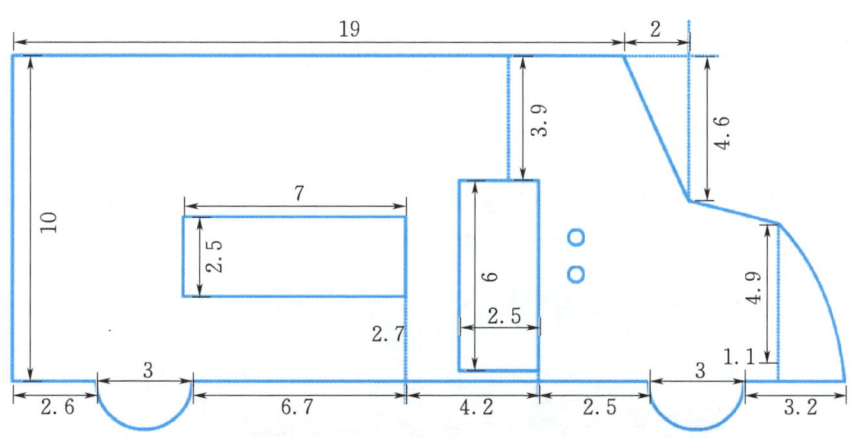

图 22-4　右边车体图纸（单位：cm）

左边车体外形、大小与右边车体相同。整个车体宽度为10cm，是以电池盒和UNO板的长宽来确定的，因为这些元件都要放到车内。有了上面的数据，车体上下前后部分的规格就好确定了。

三、制作模块

（1）确定板材和工具。制作创意作品模型的板材有木板、亚克力、泡沫板、纸板等，精密的制作工具有各种车床、台锯、激光雕刻机等。如图22-5所示，我们在本例中，板材选择的是废包装纸板，工具也是应用的直尺、美工刀、剪刀、透明胶带等日常用品。

（2）绘制墨线。先绘制右侧车体，在纸板上找到合适的地方，利用直尺和笔严格按设计的尺寸画好墨线如图22-6所示。

与绘制右侧车体墨线一样，将其他模块的墨线画好。

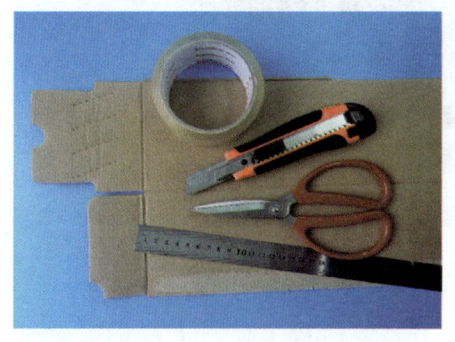

图 22-5　板材和制作工具

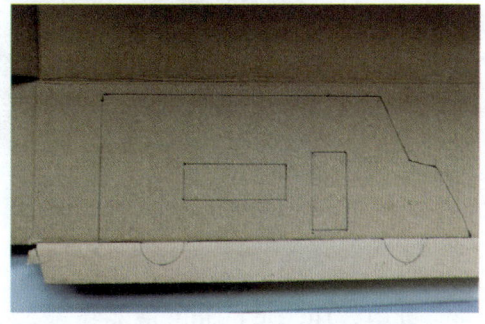

图 22-6　右侧车体墨线

(3) 切割模块。墨线画好后，就可用美工刀和直尺开始切割，把需要的模块做出来，有些转角的地方要用到剪子。切割的过程中要注意安全。

四、组装调试

模块做完后，用透明胶带将它们粘好，完成好的造型如图 22-7 所示，注意上盖不封死，可打开，以便放置元件。

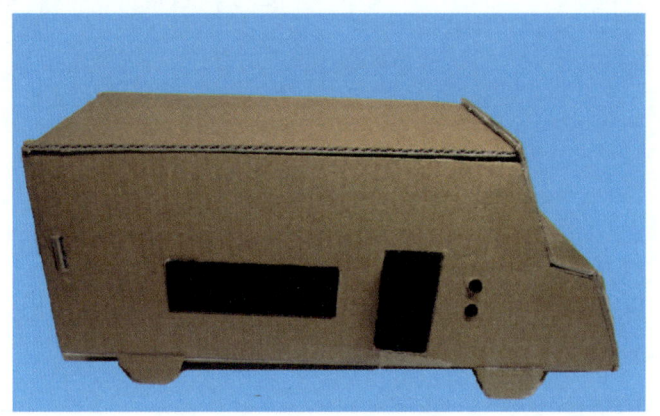

图 22-7　车体造型

将连好线的硬件部分放入车体内如图 22-8 所示，按设计好的位置将各元件归位。

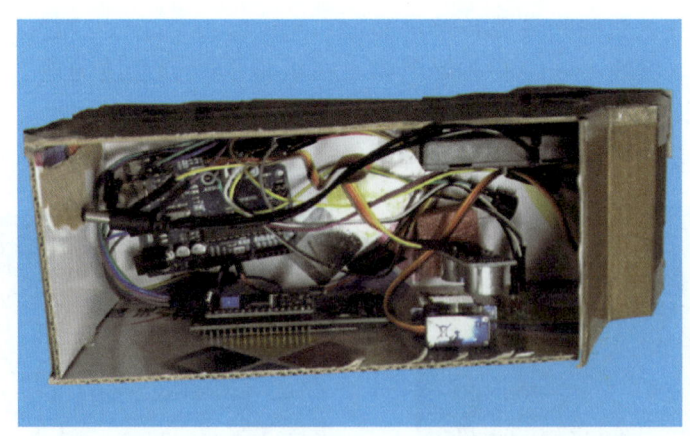

图 22-8　元件归位

其中，IIC LCD1602 液晶显示器卡入框中时要注意不要上下颠倒；舵机舵角上要将"门"先粘贴好，调试好后才能将舵机固定在门框的上部；超声波传感器固定在车体底板上,两个探头要对准门,不能被遮挡;两个 LED 灯插入相应的孔中;其他的放置在底板上。组装好的校车如图 22-9 所示。

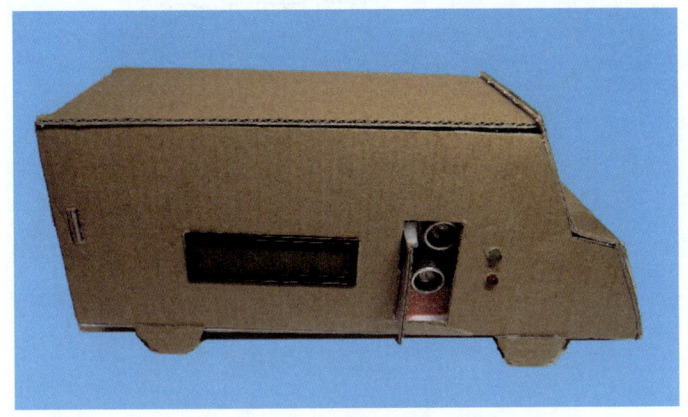

图 22-9　组装好的校车

组装好后,通电进行调试。要进行更改数据的地方可能是程序中超声波传感器的探测距离,这个要根据实际情况来更改,直到达到自己的设计要求。测试时,可用手遮挡门来代替上人的动作。图 22-10 为测试中的情景,IIC LCD1602 液晶显示器显示还可上两人,门是打开的,绿色 LED 灯亮。

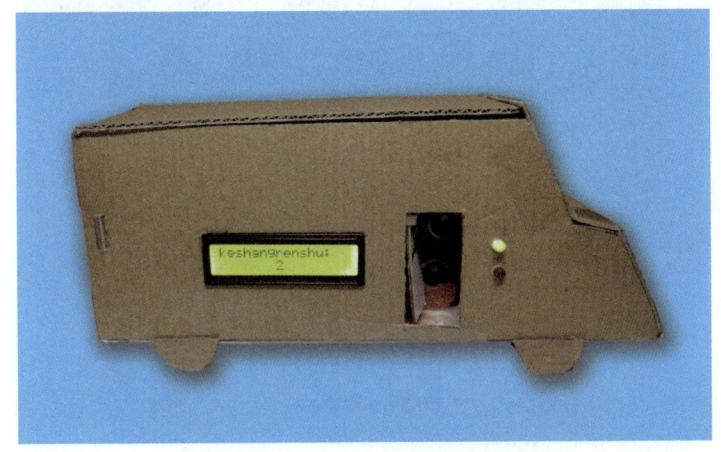

图 22-10　测试中的校车

继续测试,当满员后,IIC LCD1602 液晶显示器第一行显示静态的"renshuyiman"(人数已满),第二行显示静态的"yilupingan"(一路平安);红色 LED 灯亮;门关闭,如图 22-11 所示。

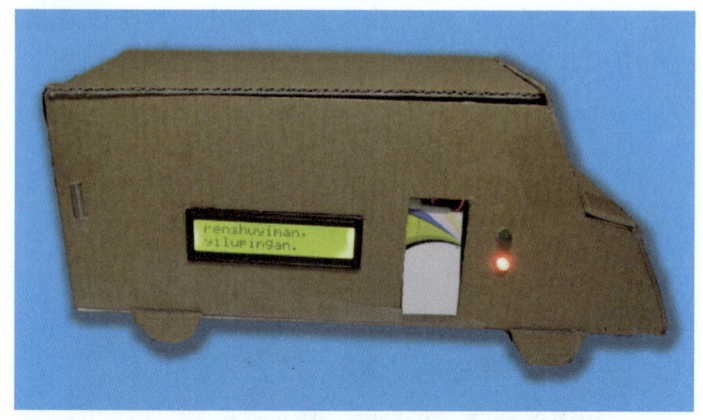

图 22-11 上满人后的校车

五、装饰美化

组装调试完后,最好进行一下简单的装饰来美化模型。如图 22-12 所示,我们给校车贴上了彩纸,画上了车窗,俨然真正的校车。

图 22-12 贴上了彩纸的校车

≪≪≪ 拓展任务

用纸板制作的模型成本低廉,能展示作品的功能,但牢固度、精密度较差。而采用木板、亚克力(有机玻璃)等材料制作的模型很牢固,也很精致,但不能用美工刀来切割,要应用图 22-13 中的桌面微型台锯或者激光雕刻机来做。

第二十二课 创意作品《校车人数监控装置》(二)

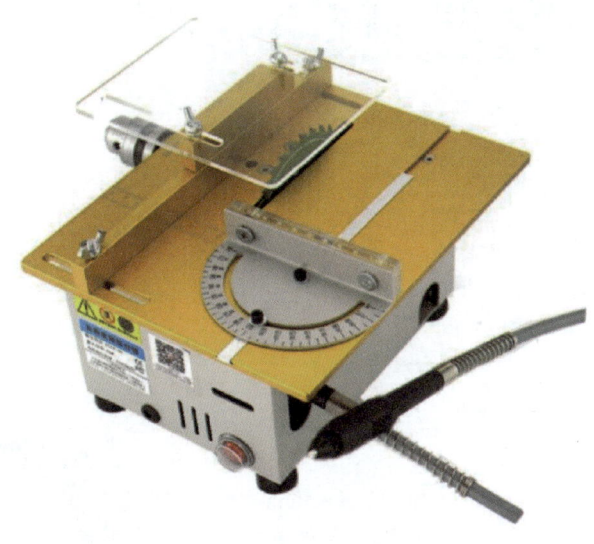

图 22-13 微型台锯

应用台锯和激光雕刻机制作模块时要注意安全，使用前一定要先学习使用方法和注意事项。

如果条件允许，可用木板或亚克力来制作校车模型。

附件

配 套 器 材

序号	名称	规格	数量	图片
1	Arduino UNO 板	原装 Arduino UNO R3 开发板，ATmega328P 处理模块板，中文	1	
2	杜邦线	公对公、母对母、公对母	若干	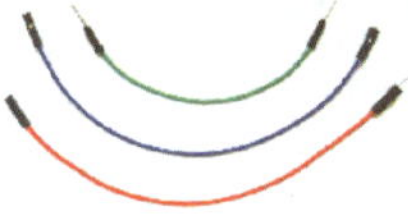
3	LED 发光二极管	红绿黄三色各 3	9	
4	面包板	400 孔面包板，8.5cm×5.5cm，可组合拼接实验板	1	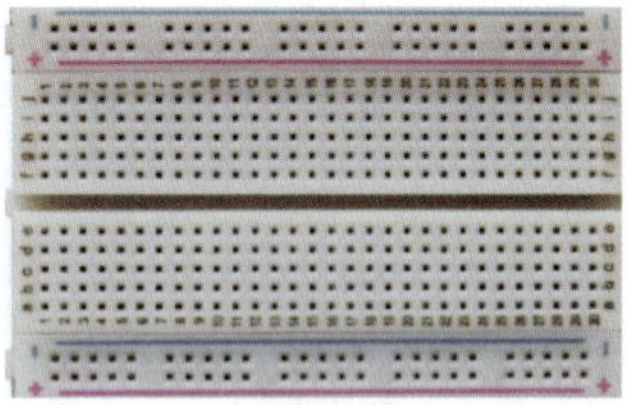
5	定值电阻	200Ω	10	
6	按钮	红绿蓝三色各 1	3	

续表

序号	名称	规格	数量	图片
7	倾斜开关	滚珠开关	1	
8	电位器	1000Ω 单联电位器	1	
9	130型电动机	带软扇页片	1	
10	超声波传感器	HC-SR04 超声波模块	1	
11	声音传感器	有数字和模拟输出两个针脚	1	
12	光敏传感器	有数字和模拟输出两个针脚	1	
13	无源蜂鸣器	9×5 无源蜂鸣器，3V、5V 通用，间距4.0	1	
14	IIC LCD1602 液晶显示器	含液晶屏 IIC/I2C/接口	1	

续表

序号	名称	规格	数量	图片
15	L298N 电机驱动模块	红板，2 路的 H 桥驱动	1	
16	LM35DZ 温度传感器		1	
17	9g 舵机	大扭力 9g 舵机，带舵角	1	
18	2WD1622 两轮智能小车套装	含车架，车轮，电动机等	1	
19	红外遥控器套件	由红外遥控器和红外接收头组成	1	

附件　配套器材 | 145

续表

序号	名　　称	规格	数量	图　　片
20	灰度传感器	能输出数字信号	2	
21	电池盒	带开关带线DC插头能装4粒1.5VAA普通5号电池	1	
22	蓝牙模块	BT06蓝牙透传模块	1	
23	OLED液晶屏	IIC 12864OLED液晶屏模块	1	

注　在各网络电商平台上很容易买到以上器材。

参 考 文 献

[1]　谢作如,谢贤晓. Arduino创意机器人入门(基于Mixly)[M]. 北京:人民邮电出版社,2017.

[2]　何余东. 智能百变Arduino课程[M]. 北京:清华大学出版社,2017.